中国教育发展战略学会
人工智能与机器人教育专业委员会 规划丛书

智能机器人

中学版

崔天时◎主编

北京邮电大学出版社
www.buptpress.com

图书在版编目（CIP）数据

智能机器人．上 / 崔天时主编．-- 北京：北京邮电大学出版社，2019. 7

ISBN 978-7-5635-5753-0

Ⅰ．①智…　Ⅱ．①崔…　Ⅲ．①智能机器人　Ⅳ．① TP242. 6

中国版本图书馆 CIP 数据核字（2019）第 129762 号

书　　名：智能机器人（上）
主　　编：崔天时
责任编辑：孙宏颖
出版发行：北京邮电大学出版社
社　　址：北京市海淀区西土城路 10 号（邮编：100876)
发 行 部：电话：010-62282185　传真：010-62283578
E-mail：publish@bupt.edu.cn
经　　销：各地新华书店
印　　刷：北京玺诚印务有限公司
开　　本：787 mm × 1 092 mm　1/16
印　　张：7
字　　数：92 千字
版　　次：2019 年 7 月第 1 版　2019 年 7 月第 1 次印刷

ISBN 978-7-5635-5753-0　定价：36.00 元

“中学人工智能系列教材”编委会

“中学人工智能系列教材”序

1956年的夏天，一群年轻的科学家聚集在美国一个名叫汉诺佛的小镇上，讨论着对于当时的世人而言完全陌生的话题。从此，一个崭新的学科——人工智能，异军突起，开启了她曲折传奇的漫漫征程……

2016年的春天，一个名为AlphaGo（阿尔法围棋）的智能软件与世界顶级围棋高手的人机对决，再次将人工智能推到了世界舞台的聚光灯下。六十载沧桑砥砺，一甲子春华秋实。蓦然回首，人工智能学科已经长成一棵枝繁叶茂的参天大树，人工智能技术不断取得令人叹为观止的进步，正在对世界经济、人类生活和社会进步产生极其深刻的影响，人工智能历史性地进入了全球爆发的前夜。人工智能正在进入技术创新和大规模应用的高潮期、智能企业的开创期和智能产业的形成期，人类正在进入智能化时代！

2017年7月，国务院颁发了《新一代人工智能发展规划》（以下简称《规划》）。《规划》提出：到2030

年，我国人工智能理论、技术与应用总体达到世界领先水平，成为世界主要人工智能创新中心。为按期完成这一宏伟目标，人才培养是重中之重。对此《规划》明确指出：应逐步开展全民智能教育项目，在中小学阶段设置人工智能相关课程，逐步推广编程教育。

人工智能的算法需要通过编程来实现，而人工智能的优势最适于用智能机器人来展现，三者的关系密不可分。因此，本套“中学人工智能系列教材”由《人工智能》（上下册）、《Python与AI编程》（上下册）和《智能机器人》（上下册）三部分组成。

学习人工智能需要有一定的高等数学和计算机科学知识，学习机器人技术也同样需要有足够的数学、控制、机电等领域的知识。显然，所有这些知识内容都远远超出中小学生（即使是高中生）的认知能力。过早地将多学科、多领域交叉的高层次知识呈现在基础知识远不完备的中小学生面前，试图用学生听不懂的术语解释陌生的技术原理，这样的学习是很难取得效果的。因此，如何设计中小学人工智能教材的教学内容？如何定位该课程的教学目标？这是在中小学阶段设置人工智能相关课程必须解决的共性问题，需要从事人工智能教学与科研的相关组织进行深入研究并给出可行的解决方案。

我们认为，相比于向学生传授人工智能知识和技术本身，应该更注重加深学生对人工智能各个方面的了解和体验，让学生学习和理解重要的人工智能基本概念，熟悉人工智能编程语言，了解人工智能的最佳载体——机器人。因此，本套丛书中的《人工智能》（上下册）一书重点阐述AI的基本概念、基本知识和应用场景；《Python与AI编程》（上下册）讲解Python编程基础和人工智能算法的编程案例；《智能机器人》（上下册）论述智能机器人系统的构成和各构成模块所涉及的知识。这几本书相辅相成，共同构成中学人工智能课程的学习内容。

本系列教材的定位为：以培养学生智能化时代的思维方式、科技视野、创新意识和科技人文素养为宗旨的科技素质教育读本。本系列教材的教学目标与特色如下。

1. 使学生理解人工智能是用人工的方法使人造系统呈现某种智能，从而使人类制造的工具用起来更省力、省时和省心。智能化是信息化发展的必然趋势！

2. 使学生理解人工智能的基本概念和解决问题的基本思路。本系列教材注意用通俗易懂的语言、中学相关课程的知识和日常生活经验来解释人工智能中涉及的相关道理，而不是试图用数学、控制、机电等领域的知识讲解相关算法或技术原理。

3. 培养学生对人工智能的正确认知，帮助学生了解AI技术的应用场景，体验AI技术给人带来的获得感，使学生消除对AI技术的陌生感和畏惧感，做人工智能时代的主人。

韩力群

目　录

第一单元

机器人世界

第一课　机器人的定义和发展简介

相信每个人不仅听说过“机器人”（robot）这个名词，还通过网络、电影、电视和杂志等媒体看到过机器人。那么到底什么是机器人呢？顾名思义，机器人既应该具有机器的特点，又应该具有人类各种各样的特点，即“机器＋人”。也就是说，机器人是会“思考”的机器。第一代Atlas（阿特拉斯）和第三代Atlas机器人分别如图1-1和图1-2所示。

图 1-1　第一代 Atlas 机器人

图 1-2　第三代 Atlas 机器人

一、机器人的定义

机器人应用的领域非常广泛，针对不同应用领域的机器人，功能和结构也不尽相同，要给机器人下一个精确的、人们普遍认同的定义是比较困难的，所以不同国家和不同组织的专家们采用不同的方法来给“机器人”下定义。

美国机器人协会给机器人下的定义是：“一种可编程和多功能的操作机；或是为了执行不同的任务而具有可用电脑改变和可编程动作的专门系统。”

国际标准化组织（ISO）对机器人的定义如下：

① 机器人的动作机构具有类似于人或其他生物体的某些器官（肢体、感官等）的功能；

② 机器人具有通用性，工作种类多样，动作程序灵活易变；

③ 机器人具有不同程度的智能性，如记忆、感知、推理、决策、学习等；

④ 机器人具有独立性，完整的机器人系统在工作中可以不依赖于人的干预。

中国科学院沈阳自动化研究所的蒋新松院士将机器人定义为：“机器人是一种拟人功能的机械电子装置”（a mechatronic device to imitate some human functions）。

目前，尽管国际上对机器人还没有统一的定义，但是随着机器人技术的发展，国际上对机器人的概念已经逐渐趋近一致。所谓机器人就是“靠自身动力和控制能力来实现各种功能的机器”。

二、机器人的发展简介

长期以来，人类一直有一个愿望——创造出一种像人一样的机器，来代替人去从事各种繁重而危险的工作。1920年，作家卡雷尔·恰佩克在他的剧作《罗素姆万能机器人》中，根据Robota（捷克文，原意为“劳役、苦工”）和Robotnik（波兰文，原意为“工人”），创造出“机器人”这个词。剧本中叙述了一个叫罗素姆的公司把机器人作为人类生产的工业品推向市场，让它充当劳动力代替人类劳动的故事。《罗素姆万能机器人》剧照如图1-3所示。

图 1-3《罗素姆万能机器人》剧照

尽管到20世纪60年代，“机器人”才开始作为专有名词出现在各种语言和文字当中，但机器人的发展却可以追溯到古代。纵观机器人发展的历史，经历了3个主要阶段：古代机器人、早期机器人和现代机器人。

1. 古代机器人

公元前1046年至公元前771年，中国西周朝代，广泛流传着巧匠偃师给周穆王一个歌舞机器人的故事。

公元前400年至公元前350年间，墨子经过三年研制而成的木鸟是史料记载的第一个自动化动物，如图1-4所示。

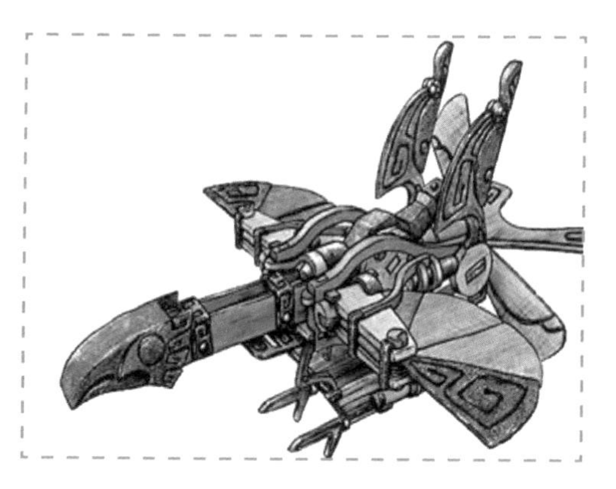

图 1-4　墨子制作的木鸟

公元前3世纪，希腊发明家代达罗斯用青铜为克里特岛国王米诺斯铸造了一位守卫宝岛的卫士塔罗斯，如图1-5所示。

在公元前2世纪出现的书籍中，描写了这样一个神奇的机械化剧院，剧院中有一些类似机器人的设备，能够在宫廷仪式上进行舞蹈和队列表演。

图 1-5　青铜卫士塔罗斯

公元25年至公元220年，中国东汉时期，杰出的发明家、文学家张衡发明的指南车是世界上最早的机器人雏形，如图1-6所示。

图 1-6　东汉时期的指南车

2. 早期机器人

18世纪，瑞士钟表匠德罗斯父子三人设计并制造了写字偶人（如图1-7所示）、绘图偶人和弹风琴偶人；德国的梅林制造了巨型泥塑偶人；日本物理学家细川半藏设计了各种自动机械图形；法国的杰夸特设计了机械式可编程织造机等。19世纪，加拿大的摩尔设计了以蒸汽为动力，可以行走的机器人“安德罗丁”。这些都是早期机器人的代表，它们的出现标志着人类在机器人从梦想到现实的漫长道路上前进了一大步。

图 1-7　德罗斯父子设计的写字偶人

3. 现代机器人

1954年，美国人乔治·德沃尔设计了第一台拥有电子可编程序的工业机器人,并于1961年获得了该项机器人专利。1962年,美国万能自动化(Unimation)公司的第一台机器人在美国通用汽车公司投入使用，这标志着现代机器人的诞生。从此，机器人开始成为人类生活中的现实。世界上第一台机器人如图1-8所示。

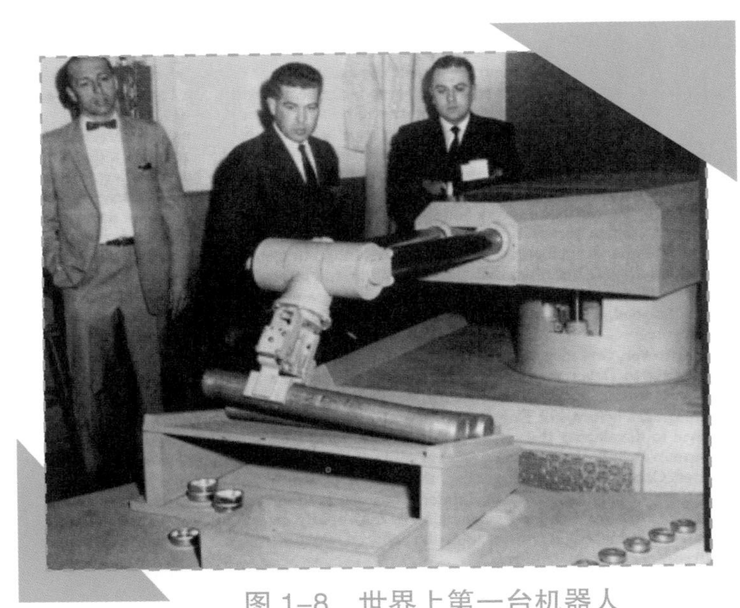

图 1-8　世界上第一台机器人

1950年,美国科幻小说作家阿西莫夫在他的小说中提出了“机器人三原则”,该原则成为人们在设计机器人时必须遵守的3条定律:

① 机器人不得伤害人类，或袖手旁观坐视人类受到伤害;

② 除非违背第一法则，机器人必须服从人类的命令;

③ 在不违背第一及第二法则的情况下，机器人必须保护自己。

后来又出现了补充的“机器人第零定律”：机器人必须保护人类的整体利益不受伤害，其他3条定律都是在这一前提下才能成立的。

思考与练习

1.请根据机器人的定义判断下面各图中哪些是机器人，哪些不是，并说明理由。

电风扇　　洗衣机　　工业用机械臂

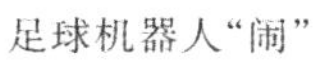

足球机器人“闹”

家庭用扫地机器人

2.人类为什么要研究和创造机器人？

第二课 机器人的种类

从20世纪50年代第一台机器人诞生到现在，现代机器人的发展经历了3个阶段:示教机器人阶段、感知机器人阶段和智能机器人阶段。所谓示教机器人，就是用控制器通过按键一步一步地操纵机器人的动作和行走路径，只需一遍机器人便可记忆，然后就可以让机器人自动执行操作。感知机器人就是通过传感器能感知一定环境参数的机器人。智能机器人就是应用人工智能技术的机器人。

随着机器人技术的发展，机器人人口和种类越来越多。关于机器人的分类，国际上没有统一的标准。按照不同的分类标准，分类情况也不尽相同。例如：按照机器人发展的阶段来分类，有示教、感知和智能3类机器人；按照用途来分类，有工业、农业、医疗康复、军用、娱乐和特种机器人等；按照机器人的工作环境来分类，有陆地机器人、空中机器人、水中机器人和空间机器人等。

1. 陆地机器人

图 2-1 物流机器人（固定式机器人）分拣邮件

陆地机器人主要指工作在地球陆地上的机器人，包括固定式机器人和移动式机器人，如物流机器人（如图2-1所示）、生产线上的机器人（如图2-2所示）、双足机器人、多足机器人（如图2-3所示）以及轮式移动机器人（如图2-4所示）和履带式移动机器人（如图2-5所示）等，它们都工作在陆地上。

图 2-2　生产线上的机器人（固定式机器人）

图 2-3　多足机器人（波士顿动力出品移动机器人）

图 2-4　电力巡检机器人（轮式移动机器人）

图 2-5　履带式移动机器人可用于灾难

2. 空中机器人

空中机器人主要指工作在地球大气层中的机器人，即无人机，如固定翼式无人机（如图2-6、图2-7所示）、直升机式无人机（如图2-8所示）、旋翼式无人机（如图2-9所示）和多旋翼式无人机（如图2-10所示）等。哈佛大学研究的机器“蜜蜂”既能在空中飞行，又能在水中潜游，如图2-11所示。

图 2-6　国产彩虹无人机（固定翼）

图 2-7　国产云影无人机（固定翼）

图 2-8　无人直升机

图 2-9　旋翼式无人机（螺旋桨为被动桨，无动力）

图 2-10　四旋翼式无人机

图 2-11 哈佛大学研究的机器“蜜蜂”

3. 水中机器人

水中机器人主要指工作在水中的机器人，包括水上和水下机器人，分别如图2-12、图2-13、图2-14所示。

图 2-12 蛟龙号水下机器人

图 2-13　机器鲨鱼

图 2-14　无人舰艇（水上机器人）

4. 空间机器人

空间机器人主要指工作在外太空的探索机器人，如火星探路者（如图2-15所示）和我国的玉兔号月球车（如图2-16所示）等，还包括太空中的飞船和卫星等，图2-17所示为机器人飞船登陆小行星。

图 2-15　火星探路者

图 2-16　玉兔号月球车

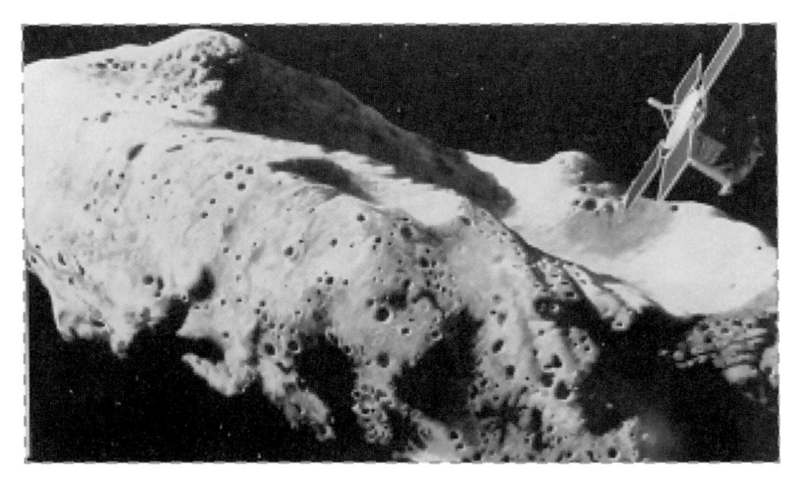
图 2-17　机器人飞船登陆小行星

思考与练习

1.你都见过哪些机器人？说说它们都属于什么机器人？

2.空间机器人都能做什么？

第三课 机器人的应用及前景

研制机器人的最初目的是为了帮助人们摆脱繁重或简单的重复劳动，以及替代人们在危险环境中进行作业。机器人最早应用于汽车制造业，随着机器人技术的不断发展，工业领域的焊接、喷漆、搬运、装配、铸造等环节开始逐步大量使用机器人。在军事、海洋探测、航天、医疗、农业、林业乃至服务、娱乐行业等，也开始广泛使用机器人。

一、机器人的应用

1. 工业机器人

工业机器人指用于工业生产中的机器人，如图3-1所示。它们可以提升加工精度，提高生产效率，降低生产成本。

图 3-1 工业机器人

2. 军事机器人

军事机器人指用于军事领域，从事物资运输、搜寻侦察以及实战进攻的机器人，如图3-2、图3-3所示。

图 3-2 武装机器人

图 3-3 美国全球鹰无人机（察打一体军用无人机）

3. 水下机器人

水下机器人指工作于水下的极限作业机器人，可从事水下搜救、资源和地形探测以及科学研究等作业，如图3-4所示。

图 3-4　发现泰坦尼克号残骸的阿尔戈水下机器人

4. 航天机器人

航天机器人指工作在太空，从事通信、遥感和宇宙探索等作业的机器人。图3-5所示为2008年深空探测器罗塞塔号在小行星史坦斯附近用望远镜和广角摄像机拍摄的航天机器人。

图 3-5　航天机器人

5. 医疗康复机器人

医疗康复机器人指用于辅助医疗、康复医疗和康复护理等方面的机器人。图3-6所示的达芬奇，它是重要的外科手术机器人之一。每天它要对世界各地的患者实施超过100台的手术，包括插入新的心脏瓣膜、修补胃和去除病人坏死的肠道等。图3-7是给身体有残障或由于生病导致身体不能自主活动的人士使用的康复机器人。

图 3-6　医疗机器人达芬奇

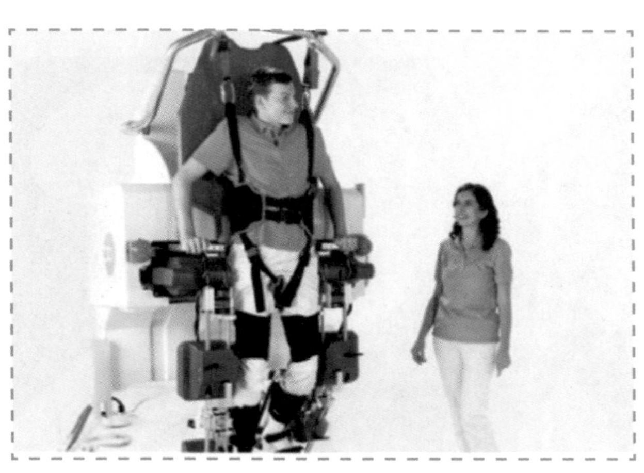

图 3-7　康复机器人

6. 农业机器人

农业机器人指用于农业生产过程中从事植保（施肥、除草和防病）、播种、收获以及品质鉴定和等级分类等工作的机器人。图3-8所示为正在作业的施肥机器人。图3-9所示为正在实施采摘作业的收获机器人。

图 3-8　施肥机器人

图 3-9　收获机器人

7. 服务、娱乐机器人

服务、娱乐机器人指用于服务行业、家庭服务和以供人观赏、娱乐为目的的机器人。图3-10所示为家用叠衣服机器人。图3-11所示为点菜和送菜的服务机器人。图3-12所示为Actroid-DER2表演机器人，它能唱歌、演讲和迎送客人。

图 3-10　叠衣服机器人

图 3-11　点菜和送菜的服务机器人

图 3-12　表演机器人（右）

二、机器人的发展前景

目前尽管已经有像阿尔法围棋程序和波士顿动力公司生产的Atlas机器人这样高端的智能产品，但是在实际应用中的机器人总是让人感觉还不够智能。今后，机器人研发所要攻克的难题就是围绕着“自”和“动”两个字，强化机器人的自主性和运动性，使机器人成为一个全新的、智能的“物种”。机器人的研究需要将人工智能和个性化需求结合起来。与此同时，人与机器人之间的互动也被认为是非常重要的领域，这其中既包括机器人领悟人的行为和思维方式，也包括人类对机器人行为方式的认知，也就是说，人与机器人之间的相互理解和交流，也是未来机器人研究的重要内容。

思考与练习

1.你认为机器人还能应用到什么领域?

2.请你展开想象，描述一下未来的机器人是什么样的。

第四课 机器人的组成

经过半个多世纪的发展，机器人的种类越来越多，应用范围也越来越广泛。但是无论机器人的外形如何变化，功能如何增强，它的基本组成是不变的。通常来说，机器人和人类一样也是由躯体、感官、大脑、神经系统、消化和循环系统等组成的。所谓躯体指的是机器人的机械系统，包括执行机构、传动机构和驱动装置等，其功能是支撑和保护机器人以及让机器人能够运动；感官指的是由传感器组成的感知系统，用来感知机器人身体内部和周围环境的信息；大脑指的是机器人的控制器，包括硬件和软件两部分，用来融合感知信息，去控制机器人运动和学习；神经系统指的是机器人的通信系统，用来传递感知信息和控制信息以及实现机器人和人类之间的交互；消化和循环系统指的是产生和输送能量的机器人动力系统。

图4-1为著名的人形机器人“闹”，它是世界范围内在学术领域应用最广泛的机器人之一。“闹”的躯体拥有25个自由度（DOF），其关键部件为电机（驱动装置）与传动机构。感官有两个摄像头（视觉）、四个麦克风（听觉）、一个超声波距离传感器、两个红外线发射器和接收器、一个惯性板、9个触觉传感器及8个压力传感器。大脑由两个CPU组成，其中，一个位于机器人头部，运行一个Linux内核，并支持ALDEBARAN公司自行研制的专有中间件NAOqi，负责数据融合分析；另一个位于机器人的躯干内，用于传递信息和控制输出。动力源是一个55瓦时的电池，可为“闹”提供1.5小时，甚至更长的自主行动时间。

图 4-1　比赛中的机器人"闹"

机器人的基本结构如下。

1. 执行机构

执行机构即机器人的主体结构，一般采用空间开链连杆机构，其中的运动副（转动副或移动副）常称为关节，关节个数通常即为机器人的自由度数。出于拟人化的考虑，常将机器人本体的有关部位分别称为基座、腰部、臂部、腕部、手部（夹持器或末端执行器）和行走部（只针对移动机器人）等。图4-2所示为机械臂的执行机构。

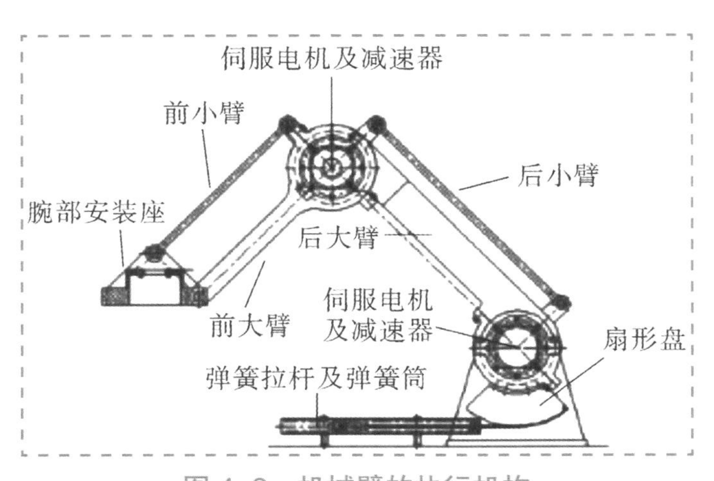

图 4-2　机械臂的执行机构

2. 驱动装置和传动装置

驱动装置是驱使执行机构运动的机构，相当于人体的肌肉组织。它能按照控制系统发出的指令信号，借助动力元件使机器人进行动作。它输入的是电信号，输出的是线、角位移量（直线平移和绕轴旋转）。机器人使用的驱动装置主要是电力驱动装置，如步进电机、伺服电机等，此外也采用液压、气动等驱动装置。传动装置是指将动力从机器人的一部分传递到另一部分，使机器人各部分运作的机构，主要有机械传动、液体传动、气体传动、电气传动和复合传动等传动机构。图4-3所示为机器人的驱动装置，它是电力驱动装置。

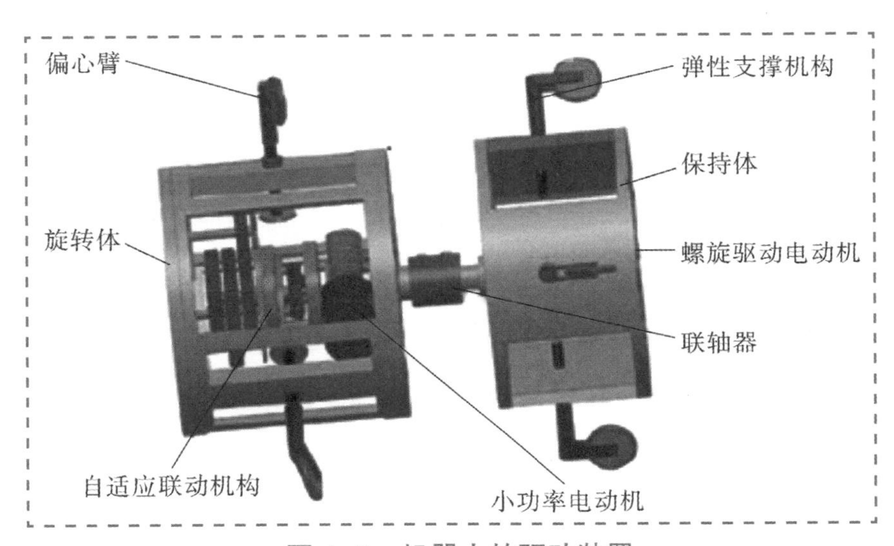

图 4-3　机器人的驱动装置

3. 控制系统

控制系统可根据预先编写的控制程序或人发送的实时指令对机器人进行控制，它类似于人类的大脑。根据控制方式的不同，控制系统可分为两种：一种是集中式控制系统，即对机器人的全部控制由一台微型计算机完成；另一种是分布式控制系统，即采用多台微型计算机来分担对机器人的控制。图4-4所示为工业机器人的控制系统框图。

图 4-4　工业机器人的控制系统框图

4. 感知系统

感知系统可实时检测机器人的运动及工作情况，根据需要反馈给控制系统，与设定参数进行比较后，对执行机构进行调整，以保证机器人的动作符合预定的要求。传感器是感知系统最重要的组成部分，类似于人类的感官。它大致可以分为两类：一类是内部信息传感器，用于检测机器人各部分的状况；另一类是外部信息传感器，用于获取有关机器人的作业对象及外界环境等方面的信息，使机器人的动作能适应外界情况的变化，达到更高层次的自动化并向智能化发展。目前主流的机器人传感器包括视觉传感器、听觉传感器、触觉传感器、位置传感器和其他不同功能的传感器，而多传感器信息的融合也决定了机器人对环境信息的感知能力。图 4-5 所示为机器人的视觉传感器——数字摄像头。

图 4-5　机器人的视觉传感器

5. 动力源（能量源）

动力源是机器人的动力系统，用来给驱动装置、控制系统和感知系统提供能量，即让机器人按照要求运动的能量来源，主要有电池、发动机等。

机器人系统实际上是一个典型的机电一体化系统，其工作原理为：控制系统发出动作指令，控制驱动机构动作，驱动机构通过传动机构驱动执行机构，使末端操作器（机械手）到达空间某一位置和实现某一姿态，实施一定的作业任务。末端操作器在空间的实际位姿（位置和姿态）由感知系统反馈给控制系统，控制系统把实际位姿与目标位姿相比较，发出下一个动作指令，如此循环，直到完成作业任务为止。

思考与练习

举例说明机器人的基本结构。

第二单元

机器人的躯体——本体

第五课　机器人的躯干

如同各种动物都有不同的身体一样，机器人也有着各种各样的躯干。机器人的躯干也有“皮肤”“肌肉”“骨骼”“血液”“神经”等和人类类似的结构。不过机器人的这些结构都是由机械元件、化学材料、仿生材料做成的，所以机器人的躯体称为机械系统。

机器人的躯体也就是机器人的本体，主要包括机身和行走机构、驱动与传动机构、手部、臂部和腕部等。由于机器人本身就是机器，所以它也具有机器所有的特征。机器人的机械系统（也称为机器人的机构）是机器人设计的重要部分，其他系统的设计应有各自系统的独立要求，但必须与机械系统相匹配，相辅相成，才能组成一个完整的机器人系统。任何一个机器人的设计都要先从其机构的设计开始。

在学习机器人的各种机构之前有必要了解一些有关机构学的基本概念。

1. 机器的特征

① 机器是一种人为的实体组合。

② 组成机器的各部分（运动单元）之间具有确定的相对运动，使机器能实现预设的运动轨迹。

③ 机器能代替或减轻人类的劳动，完成有用的机械功（如机床加工工件）或完成机械能的转换。

2. 机构

机构仅具有机器的前两个特征，即机构是各部分之间具有确定相对运动的实物组合体。

例如：图5-1所示的千斤顶没有动力源，属于机构；图5-2所示的汽车具有动力源（发动机），属于机器。

图 5-1　千斤顶（机构）

图 5-2　汽车（机器）

3. 构件

构件即组成机构的各个相对运动部分。

4. 零件

零件指机械中不可分拆的单个制件，是机器的基本组成要素，也是机械制造过程中的基本单元。其制造过程一般不需要装配工序。

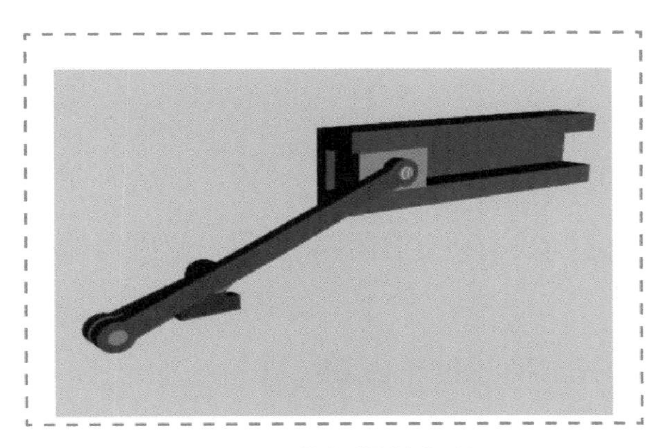

图 5-3　曲柄滑块机构

构件可以是单一零件，也可以是由若干零件固联一体（零件间没有相对运动）的刚性结构。如图5-3所示，滑块和导轨组合到一起就是一个构件。其中，滑块和导轨又分别是整个机构的零件。

5. 运动副

由两个构件直接接触又保持一定形式相对运动的连接叫作运动副。运动副就是机器人的“关节”。

6. 自由度

刚体的自由度指的是物体对坐标系进行独立运动的数目，用F来表示。

如图5-4所示，一个简单的物体有6个自由度，即沿着坐标轴的3个平移运动T_1、T_2和T_3，绕着坐标轴的3个旋转运动R_1、R_2和R_3。当两个物体之间建立了某种关系（连接关系）时，则一个物体相对另一个物体就会失去一些自由度。例如，当两个连杆连接到一起时，每个连杆就不能随意转动了。

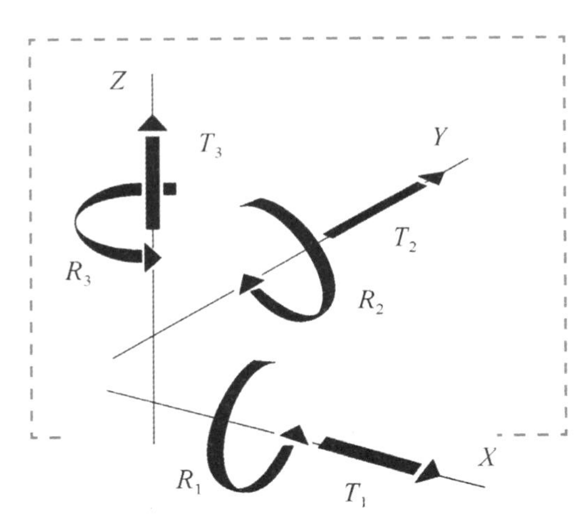

图5-4　刚体的6个自由度

7. 机器人的自由度

一般来说机器人有几个关节就有几个自由度。理论上认为，一个具有6个自由度的机械臂，它的末端机构能够到达它空间范围内的任意一点。

人的躯干包括胸腔和腹腔，由骨骼、肌肉、皮肤及各种脏器和组织组成。骨骼、肌肉和皮肤等包裹着各种器官，起到支撑和保护作用。机器人的躯干又叫作骨架或座架，它的作用和人躯干的作用类似，可以防止电子元件或电子机械“内脏”从机器人身上掉下来。

一、机器人的骨骼

机器人一般是方形或圆柱形的，当然，其他形状也是可以的，甚至可以把机器人做成人形。机器人躯干的主体和框架一般是由木头、塑料及金属构成的。在框架上要安装电动机、电池、电路板和其他必需的元件，因此机器人是外骨骼机构，即“骨骼”在“主要器官”的外部。大多数情况下我们会给机器人加一个外壳，而“皮肤”仅仅是为了使机器人更像人类。图5-5、图5-6和图5-7所示为几类机器人的骨骼，它起到了支撑整个机器人的作用。

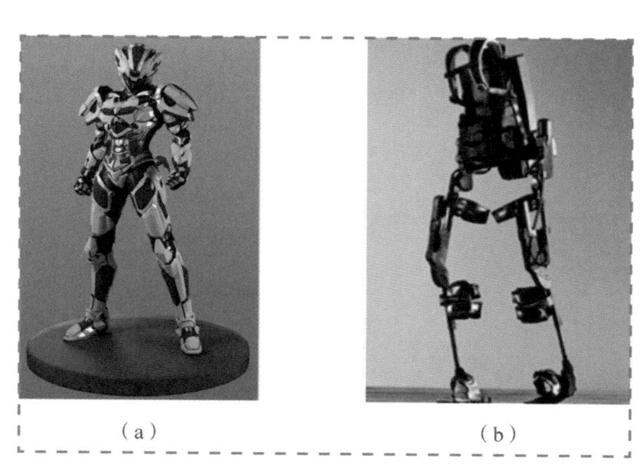

（a）　（b）

图 5-5　人形机器人的骨骼

图 5-6　蛇形机器人的骨骼

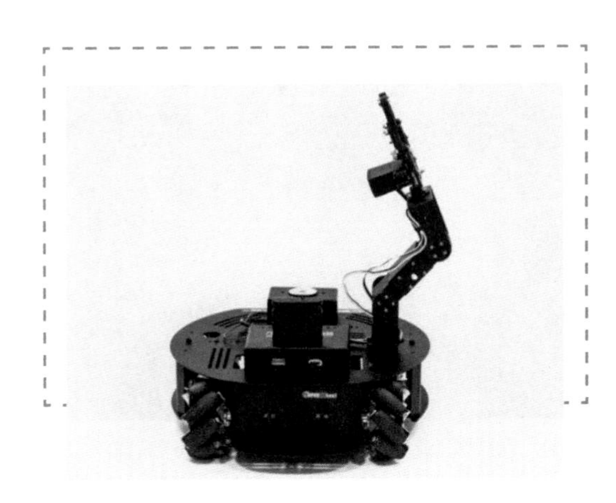

图 5-7　轮式移动机器人的框架结构

二、机器人的皮肤

对于人类来说，皮肤不仅仅是美的体现，它还承担着保护身体、排汗、感觉冷热和压力的功能。皮肤覆盖全身，可使体内各种组织和器官免受物理性、机械、化学和病原微生物的侵害，所以它是人的第一保护层。如同人类一样，机器人的外壳就是机器人的皮肤，以模仿人类为目的的仿人机器人在外观上大都与人类相仿。机器人外壳的作用是使其外观更易为人类接受，尽可能地隐藏其机械结构和控制部分，同时还具有防尘的作用。

在2003年，日本东京大学的研究团队利用低分子有机物并五苯分子制成薄膜，通过其表面密布的压力传感器，实现了电子皮肤感知压力。仅仅两年以后，该研究团队又在特殊塑料薄膜中重叠嵌入分别感知压力和温度的两组晶体管，在晶体管电线交叉的位置使用微传感器记录电流起伏，可判断出日常温度和每平方厘米300克以上的压力。这种新型电子皮肤成本相当低廉，每平方米只需100日元(约1美元)。日本研发的超薄可穿戴电子皮肤如图5-8所示。

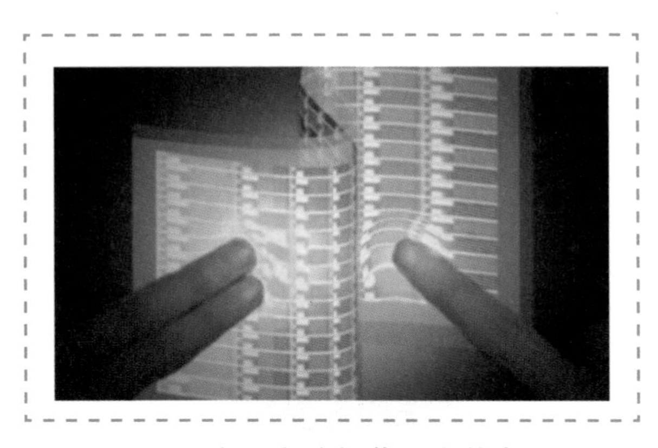

图 5-8　日本研发的超薄可穿戴电子皮肤

美国加利福尼亚大学伯克利分校研究团队设计出的电子皮肤，可辨别更细微的压强，这种由聚合树脂和敏感橡胶覆盖锗硅混合纳米线制成的“皮肤”，可感知50克以下的轻微压力。

随着尖端材料科学研究的深入，石墨烯、碳纳米等特殊材料因超轻薄、韧性强、电阻率小等优良特性，被科学家认为是电子皮肤的优良“基底”。例如，由中国研究人员使用碳纳米管传感器制成的高灵敏度“皮肤”，甚至可以感知到20毫克蚂蚁的重量。图5-9所示为石墨烯材料的电子皮肤。

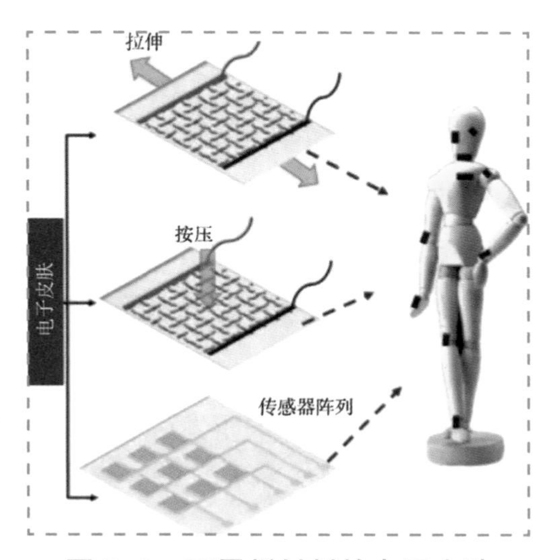

图 5-9　石墨烯材料的电子皮肤

在支撑（骨骼）和保护（皮肤）的基础上，机器人是如何动起来的呢？机器人玩具狗会摇尾巴，机器人桌面游戏玩家会掷色子，工厂机器人能打孔……这些动作虽然不同，但在机器人设计和工程实践中，它们都有相同的运动基础——驱动器和关节。下一课开始会为大家详细介绍机器人的驱动、传动系统和关节机构。

思考与练习

1.用一个机器人模型来讲解一下什么是机器人的躯干。

2.为什么说机器人是机器？

第六课 机器人的关节（一）驱动系统

机器人驱动机构主要是指用来使机器人发生动作的动力机构（和人体的肌肉很类似）。机器人驱动装置可将电能、液压能和气压能转换为动力。根据驱动源的不同，驱动机构可分为电气驱动机构、液压驱动机构、气压驱动机构和混合驱动机构。

一、电气驱动机构

电气驱动机构是主要由电动机（又称为马达，将电能转换成机械能，并可再使用机械能产生动能）和减速装置构成的用来驱动其他装置的驱动机构。电动机的基本工作原理是电磁感应原理，当一导线置放于磁场内时，若导线通上电流，则导线会切割磁场线，使导线产生移动。电动机的基本结构如图6-1所示，其主要由电枢、铁芯、集电环、电刷等构成。

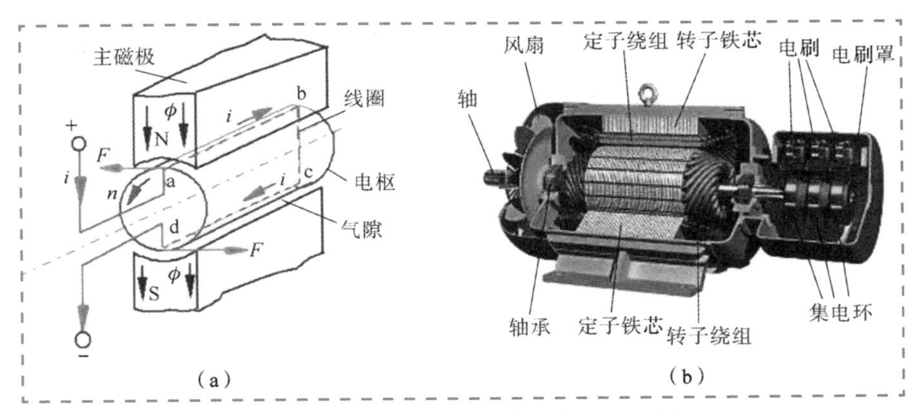

图6-1　电动机的基本结构示意图

在机器人中，常用的电动机有步进电动机、直流伺服电动机、交流伺服电动机和舵机等，早期多采用步进电动机驱动，后来出现了直流伺服电动机，交流伺服电动机也逐渐得到应用，目前人形机器人所用的电动机都是舵机。上述电动机有的直接驱动机构运动；有的通过谐波减速器减速后驱动机构运动，其结构简单紧凑。

1. 步进电动机

步进电动机是将电脉冲信号转变为角位移或线位移的开环控制电动机（如图6-2所示），是现代数字程序控制系统中的主要执行元件，其应用极为广泛。当步进驱动器接收到一个脉冲信号时，它就驱动步进电动机按设定的方向转动一个固定的角度（称为“步距角”）。它的旋转是以固定的角度一步一步运行的。改变绕组通电的顺序，电动机就会反转。可通过控制脉冲数量、频率及电动机各相绕组的通电顺序来控制步进电动机的转动。

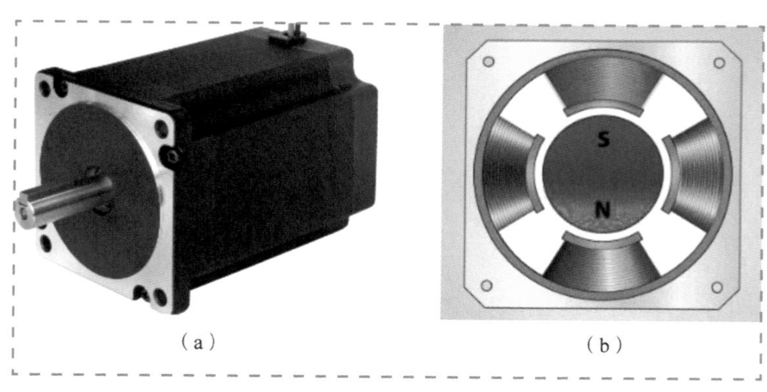

图 6-2　步进电动机及其内部结构图

2. 直流伺服电动机

直流伺服电动机一般指直流有刷伺服电动机。该电动机成本低，结构 简单，启动转矩大，调速范围宽，控制容易，维护方便(换碳刷)；但会产生电磁干扰，对环境有要求。它可以用于对成本敏感的普通工业和民用场合。图6-3所示为直流伺服电动机。

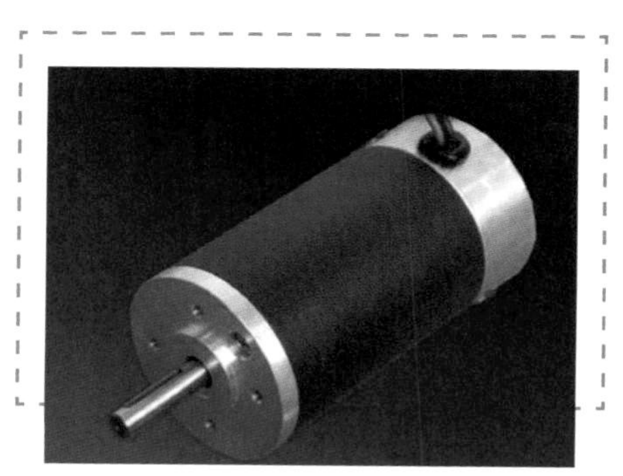

图 6-3　直流伺服电动机

3. 交流伺服电动机

交流伺服电动机内部的转子是永磁铁，驱动器控制的U/V/W三相电形成电磁场，转子在此磁场的作用下转动，同时电动机自带的编码器反馈信号给驱动器，驱动器根据反馈值与目标值进行比较，调整转子转动的角度。交流伺服电动机的精度决定于编码器的精度。图6-4所示为交流伺服电动机。

图 6-4　交流伺服电动机

其主要优点有：无电刷和换向器，工作可靠，对维护和保养的要求低；定子绕组散热比较方便；惯量小，易于提高系统的速度；适于高速大力矩工作状态。

4. 舵机

舵机是一种位置（角度）伺服的驱动器，适用于那些需要角度不断变化并需要保持的控制系统。目前，舵机在高档遥控玩具如飞机、潜艇模型和遥控机器人中已经得到了普遍应用。舵机主要由外壳、控制板、电机、齿轮组和舵盘构成，如图6-5（a）所示。图6-5（b）所示为由舵机和杆件组成的机器狗。

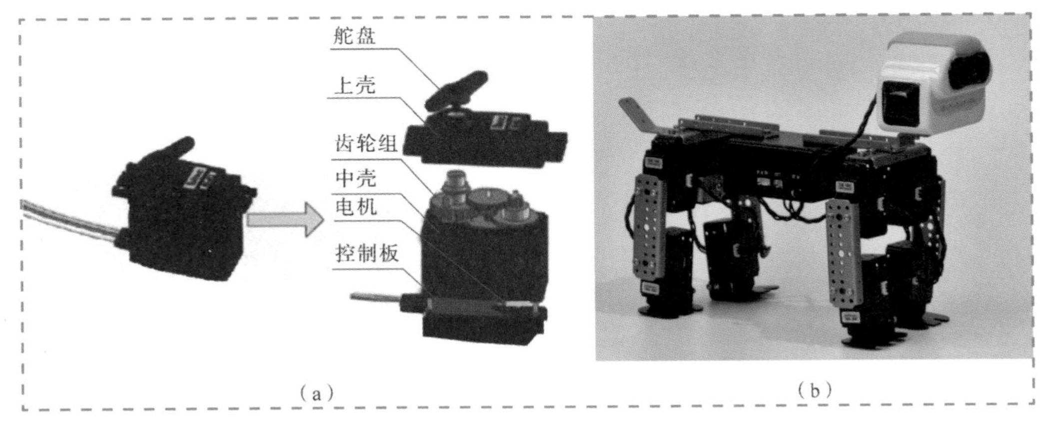

图 6-5　舵机及其结构示意图与由舵机和杆件组成的机器狗

二、液压驱动机构

液压驱动机构是由液压泵把机械能转换成液体的压力能，液压控制阀和液压辅件控制液压介质的压力、流量和流动方向，将液压泵输出的压力能传给执行元件，执行元件将液体压力能转换为机械能，以完成要求的动作的驱动机构。液压泵和液压马达分别如图6-6、图6-7所示。

图6-6　液压泵实物图

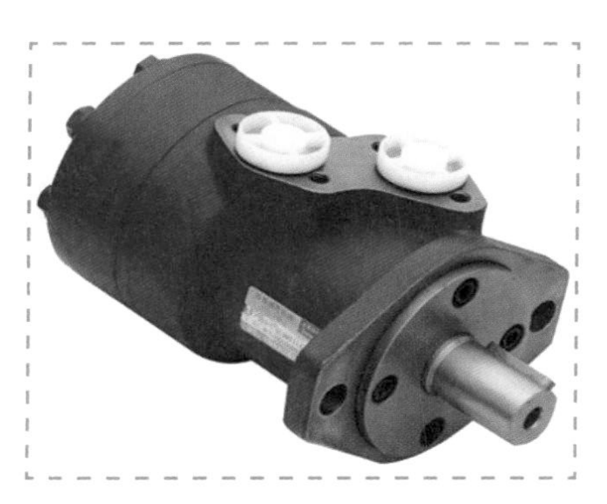

图6-7　液压马达实物图

1. 液压驱动机构的组成

① 动力元件，即液压泵，其功能是将原电动机的机械能转换为液体的压力能（表现为压力、流量），其作用是为液压系统提供压力油，其是系统的动力源。

② 执行元件，指液压缸或液压马达，其功能是将液压能转换为机械能，从而对外做功，液压缸可驱动工作机构实现往复直线运动（或摆动），液压马达可完成回转运动。

③ 控制元件，指各种阀利用这些元件可以控制和调节液压系统中液体的压力、流量和方向，以保证执行元件能按照人们预期的要求进行工作。

④ 辅助元件，包括油箱、滤油器、管路及接头、冷却器、压力表等。它们的作用是提供必要的条件使系统正常工作并便于监测控制。

⑤ 工作介质，即传动液体，通常称液压油。液压系统就是通过工作介质

实现运动和动力传递的。液压油还可以对液压元件中相互运动的零件起到润滑的作用。

液压驱动的机械手原理如图6-8所示，液压驱动的喷涂机器人如图6-9所示。

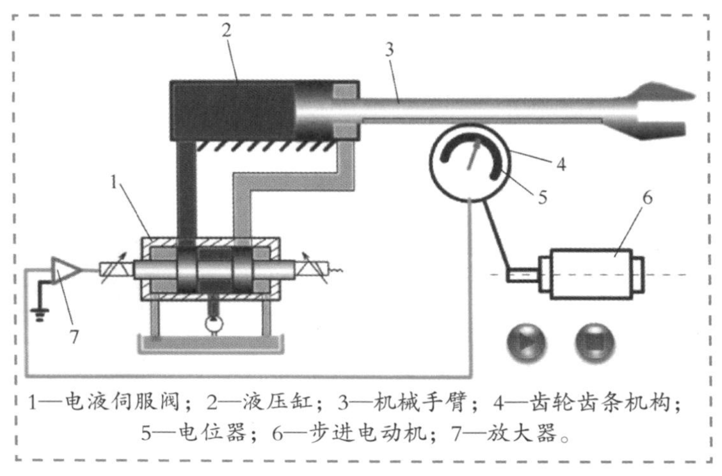

图 6-8　液压驱动的机械手原理图

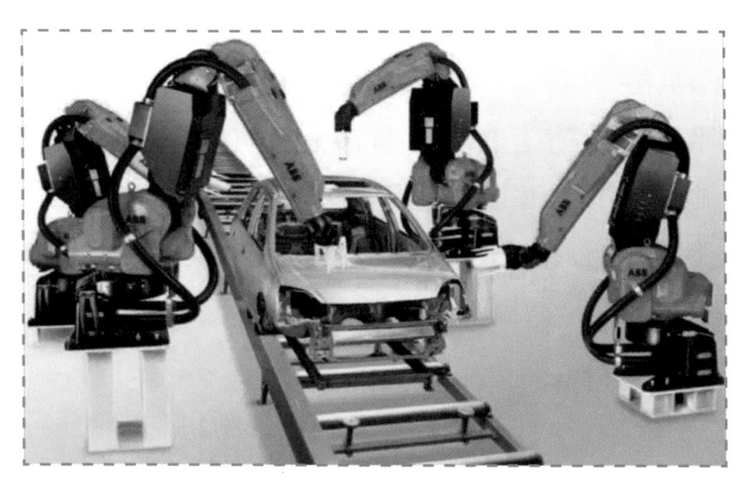

图 6-9　液压驱动的喷涂机器人

2. 液压驱动系统的特点

液压驱动系统的优点是系统运动平稳，且负载能力大，对于重载搬运和零件加工的机器人，采用液压驱动比较合理。但液压驱动存在管道复杂、清洁困难等缺点，限制了它在装配作业中的应用。

三、气压驱动机构

气压驱动机构是指以压缩空气为动力源来驱动和控制各种机械设备，以实现生产过程机械化和自动化的一种技术，简称“气动”。随着工业机械化、自动化的发展，气动技术越来越广泛地应用于各个领域。它的工作原理和液压驱动机构基本一样，只是介质不同。液压驱动用的是液态油，而气压驱动用的是空气。图6-10所示为全气压驱动横走机械手。

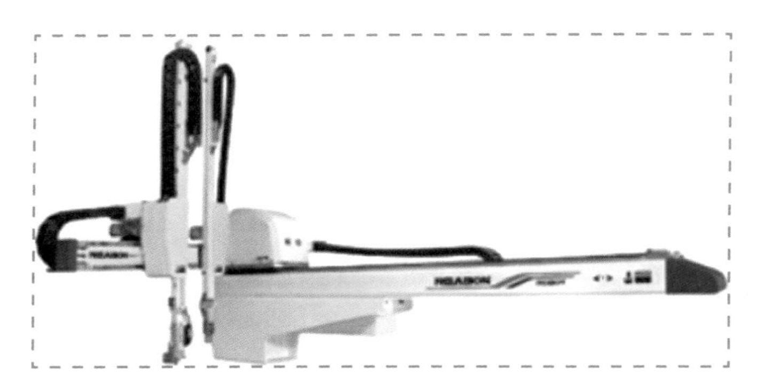

图 6-10　全气压驱动横走机械手

无论是电气驱动还是液压驱动的机器人，其手爪的开合都采用气动形式。气压驱动机器人结构简单、动作迅速、价格低廉，但由于空气具有可压缩性，其工作速度的稳定性较差。而空气的可压缩性也可使手爪在抓取或卡紧物体时的顺应性提高，防止受力过大而造成对被抓物体或手爪本身的破坏。

四、混合驱动机构以及其他驱动方式

作为传统的驱动机构，电气驱动机构、液压驱动机构和气压驱动机构单独做驱动机构时都有自己的优势，同时也有一定的不足。电气驱动精确度高，调速方便，但推力较小，大推力时成本高；液压驱动推力大，体积小，调速方便，但系统成本高，可靠性差，维修保养比较麻烦；气压驱动成本低，动作可靠，不发热，无污染，但推力偏小，不能实现精确的中间位置调节，通常是在两个极限位置使用。所以在实际工程应用中有时会采用混合驱动机构（即这3种驱动机构可以在一起共同驱动，也可以两两组合做驱动机构）。

随着机器人研究的不断深入，很多机器人驱动的新技术逐渐崭露头角。如人工肌肉驱动、压电驱动、静电驱动、电致伸缩材料驱动、新型平面直线驱动和形状记忆合金驱动等现代驱动方式的出现，逐步克服了传统驱动的缺点，推动了机器人技术的进步和发展。

思考与练习

1.SuperJoint组件（详见附录）中的驱动装置是什么？它是如何工作的？

2.你在生活中见过哪些液压驱动或气压驱动的装置？

3.用SuperJoint组件做3个关节，这3个关节构成一个如图6-11所示的三角形机构，请问这个机构有自由度吗？

图 6-11　三角形机构

第七课 机器人的关节（二）传动系统

人体的血液能将机体所需的各种营养物质（能量）由肺及消化道运送到全身各组织细胞，再将组织的代谢产物运送至肺、肾等器官，从而排出体外，以保持新陈代谢正常进行。机器人的传动机构是把动力（能量）从机器的一部分传递到另一部分，使机器或机器部件运动或运转的构件或机构。所以机器人的传动机构相当于人体的血液，它与驱动机构配合使用，发挥如下作用：

① 改变动力机（一般指电动机）的输出转矩，以满足工作机（工作部件）的要求；

② 把动力机输出的运动转变为工作机所需的形式，如将旋转运动改变为直线运动，或反之；

③ 将一个动力机的机械能传送到数个工作机上，或将数个动力机的机械能传送到一个工作机上；

④ 其他特殊作用，如为有利于机器的控制、装配、安装、维护和安全等而设置的传动装置。

机器人的传动机构主要包括齿轮传动机构、链传动机构、带传动机构、蜗轮蜗杆传动机构和凸轮传动机构。它们的目的是把驱动机构输出的力矩或力传递给执行机构，使执行机构能按照要求完成最终的动作。这一过程中最主要的概念是传动比。所谓传动比，是指传动机构中瞬时输入速度与输出速度的比值。

一、齿轮传动机构

齿轮传动是指由齿轮副传递运动和动力的装置，它是现代各种传动设备中应用最广泛的一种机械传动方式。齿轮传动比较准确，运转效率高，结构紧凑，工作可靠，寿命长。图7-1、图7-2、图7-3所示的都是齿轮传动示意图，其中图7-1为组合齿轮传动，图7-2为平面齿轮传动，图7-3为空间齿轮传动。

图 7-1　组合齿轮传动示意图

图 7-2　平面齿轮传动示意图

图 7-3　空间齿轮传动示意图

齿轮传动的原理很简单，一对相同模数（齿的形体）的齿轮相互啮合，将动力由甲轴传送（递）给乙轴，从而完成动力的传递。

二、链传动机构

链传动是通过链条，将具有特殊齿形的主动链轮的运动和动力传递到具有特殊齿形的从动链轮的一种传动方式，如图7-4所示。它通常用于将动力传递给车辆的车轮，尤其是自行车和摩托车。它还可以用于除车辆之外的各种机器。齿形链和滚子链分别如图7-5和图7-6所示。

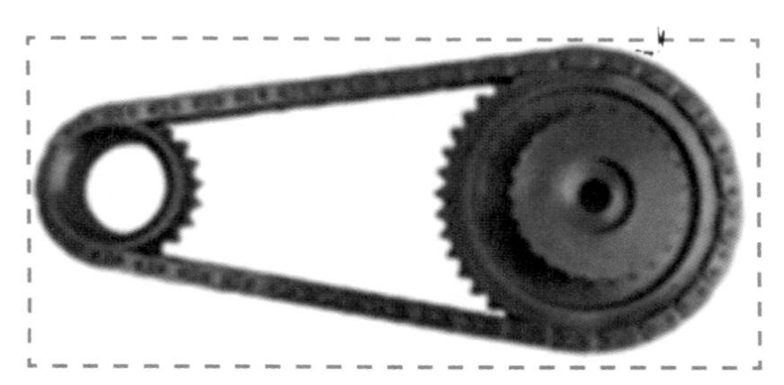

图7-4　链传动机构示意图

图7-5　齿形链实物图

图7-6　滚子链实物图

链传动与带传动相比，没有弹性滑动和打滑，能保持准确的平均传动比；需要的张紧力小，作用于轴的压力也小，可减少轴承的摩擦损失；结构紧凑；能在温度较高、有油污等恶劣环境条件下工作。与齿轮传动相比，链传动的制造和安装精度要求较低；两轴中心距较大时其传动结构简单。链传动瞬时链速和瞬时传动比不是常数，因此传动平稳性较差，工作中有一定的冲击和噪声。

三、带传动机构

带也称传动带或皮带，是一种环状柔性材料，用于机械连接两个或两个以上的传动轴。带可以用于传递动力，也可以用于传递运动，即相对位移。如图7-7所示，带安装在带轮上。

图 7-7　带传动机构示意图

带传动系统是由特别设计的带和带轮组成的。由于带传动的广泛应用，它产生了许多变种，以适应不同的工况。普遍而言，带可以平滑、低噪音地工作，也可以在载荷变化时对电机和轴承起到缓冲的作用，但在体积相似的情况下，其强度通常低于齿轮传动和链传动。尽管如此，现代的设计、工艺使得带可以在部分场合替代过去只能由链、齿轮完成的工作。在双带轮系统中，带轮的转向可以相同，也可以通过交叉带的方向来使转向相反。在两个不同轴的轴间传递动力的场合，带传动可能是最便宜的解决方案。

四、蜗轮蜗杆传动机构

如图7-8所示，蜗轮蜗杆传动机构是由蜗轮（旁边有螺纹的齿轮）和蜗杆（杆状有螺纹的构件）组合而成的轮系。有时蜗杆是指蜗杆本身，有时是指整个轮系，蜗轮也有类似的情形。

图 7-8　蜗轮蜗杆传动机构示意图

蜗轮蜗杆传动机构常用来传递两交错轴之间的运动和动力。蜗轮与蜗杆在其中间平面内相当于齿轮与齿条，蜗杆又与螺杆形状相似。

蜗轮蜗杆传动机构的特点是可以得到很大的传动比，比交错轴斜齿轮机构紧凑；两轮啮合齿面间为线接触，其承载能力大大高于交错轴斜齿轮机构；蜗杆传动相当于螺旋传动，为多齿啮合传动，故传动平稳，噪音很小;具有自锁性，即只能由蜗杆带动蜗轮，而不能由蜗轮带动蜗杆；传动效率较低，磨损较严重；蜗杆轴向力较大。

五、凸轮传动机构

凸轮机构是一种常见的运动机构，它是由凸轮、从动件和机架组成的机构。当从动件的位移、速度和加速度必须严格地按照预定规律变化，尤其当原动件作连续运动而从动件必须作间歇运动时，采用凸轮机构最为简便。凸轮从动件的运动规律取决于凸轮的轮廓线或凹槽的形状。凸轮可将连续的旋转运动转化为往复的直线运动，可以实现复杂的运动规律。图7-9为凸轮传动示意。

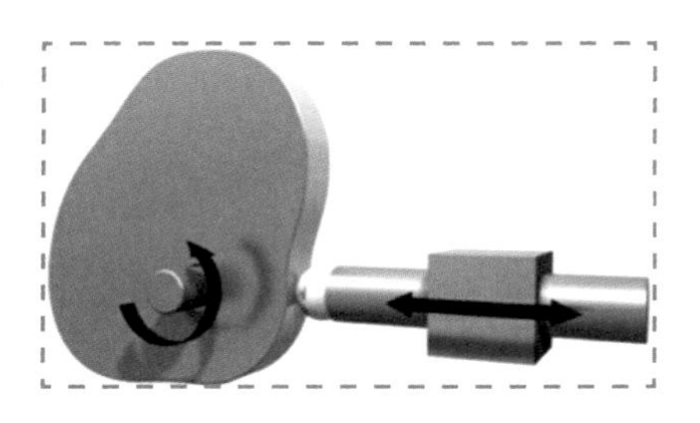

图 7-9　凸轮传动示意图

凸轮机构广泛应用于各种自动机械、仪器和操纵控制装置。凸轮机构之所以得到如此广泛的应用，主要是由于它可以实现各种复杂的运动要求，而且结构简单、紧凑。只要适当地设计凸轮的轮廓曲线，就可以使推杆得到各种预期的运动。

当凸轮机构用于传动机构时，可以产生复杂的运动，包括变速范围较大的非等速运动，以及暂时停留或各种步进运动；凸轮机构也适宜用作导引机构，使工作部件产生复杂的轨迹或平面运动；当凸轮机构用作控制机构时，可以控制执行机构的自动工作循环。因此凸轮机构的设计和制造对现代制造业具有重要的意义。图7-10所示为平面凸轮机构，图7-11所示为空间凸轮机构。

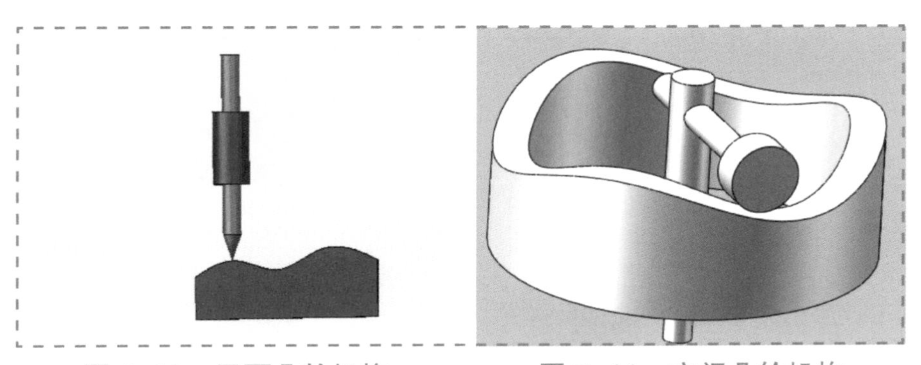

图 7-10　平面凸轮机构　　图 7-11　空间凸轮机构

思考与练习

1.说一说生活中常见的传动机构有哪些?

2.舵机中的减速机构属于传动机构吗？为什么？

第八课　机器人的四肢（一）灵巧手

机器人末端执行器（最常见的是机械手，相当于人类的手）指的是任何一个连接在机器人边缘（关节），具有一定功能的机构，它是机器人直接用于抓取和握紧专用工具进行操作的部件。例如机器人抓手，在农业生产中用来采摘果实；在工业生产中用来装配产品、焊接等；在医疗过程中用于精确切除、缝合等操作。其他的如机器人工具快换装置、机器人碰撞传感器、机器人旋转连接器、机器人压力工具、顺从装置、机器人喷涂枪、机器人毛刺清理工具、机器人弧焊焊枪和机器人电焊焊枪等都属于机器人的末端执行器。

机器人的末端执行器多种多样，一般可分为以下几类。

一、夹持式末端执行器

如图8-1所示，夹持式末端执行器与人手相似，是一种应用非常广泛的手部形式。一般由手指（手爪）和驱动机构、传动机构以及连接与支撑元件组成。

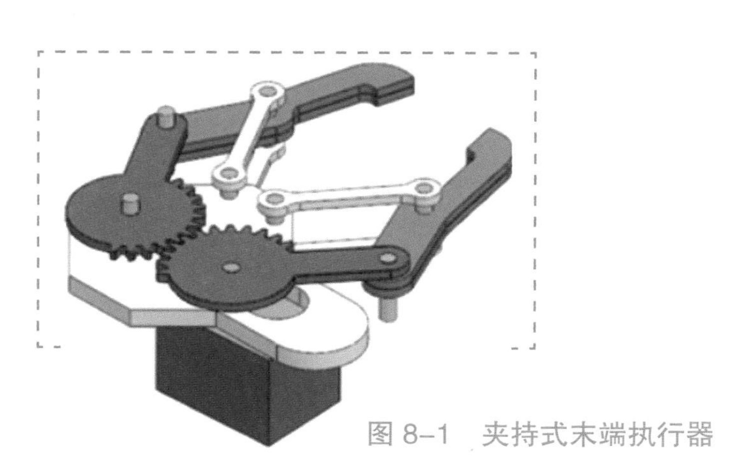

图 8-1　夹持式末端执行器

二、吸附式末端执行器

吸附式末端执行器是通过吸附力来抓取物体的手部形式。根据吸附力的不同分为气吸式和磁吸式两种，分别如图8-2、图8-3所示。

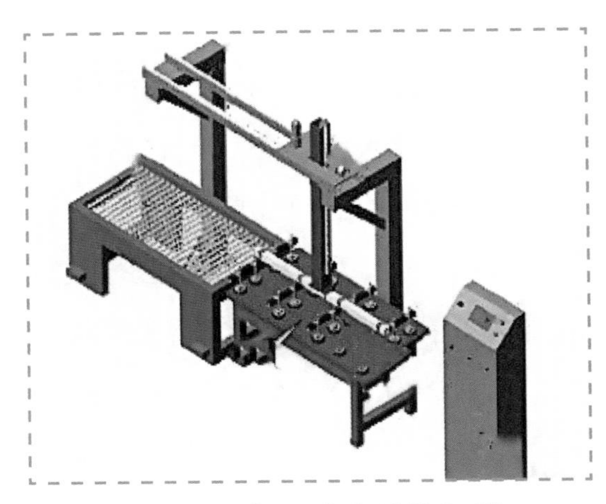

图 8-2　气吸式末端执行器

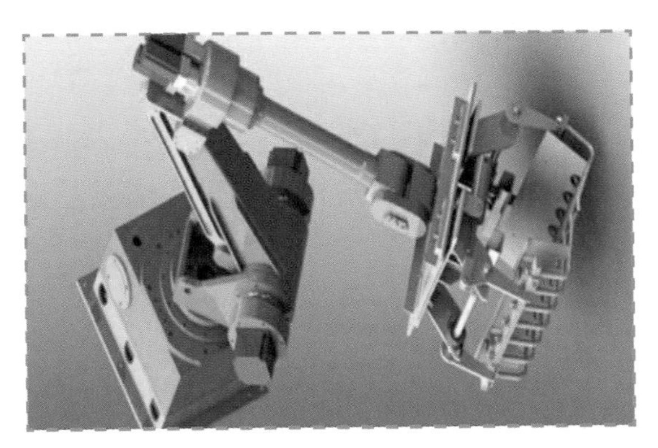

图 8-3　磁吸式末端执行器

三、仿生多指灵巧手末端执行器

简单的夹持式末端执行器不能适应物体外形变化，不能使物体表面承受比较均匀的夹持力，因此无法对形状复杂、不同材质的物体实施夹持和操作。想要提高机器人手爪和手腕的操作能力、灵活性和快速反应能力，使机器人末端执行器能像人手那样进行各种复杂的作业，如装配作业、维修作业和设备操作等，就必须设计并制造一个运动灵活、动作多样的灵巧手。图8-4所示为多指灵巧手，它有多根手指，每根手指有3个回转关节，每个关节的自由度都是独立控制的，因此，几乎人手指能完成的各种复杂动作它都能模仿。

图8-4　能安装白炽灯的多指灵巧手

一个机器人灵巧手可分成两大主要子系统：机械系统（包括手指结构、驱动系统和传感系统）和控制系统。图8-5所示为德国卡尔斯鲁厄理工学院计算机系智能过程控制与机器人实验室（IPR）研制的一款灵巧手。

图8-5　卡尔斯鲁厄灵巧手Ⅱ（KDH Ⅱ）

1.手指结构

设计一个机器人灵巧手时，必须确定4个基本要素：手指的数量、手指的关节数量、手指的尺寸和安置位置。为了能够在机械手的工作范围内安全抓取和操作物体,至少需要3根手指。为了能够对被抓物体的操作获得6个自由度（3个平移和3个旋转自由度），每根手指必须具备3个独立的关节。卡尔斯鲁厄灵巧手Ⅱ有4根对称的手指，每根手指有3个独立的关节。

2.驱动系统

指关节的驱动器对手的灵活度有很大的影响，因为它决定潜在的力量、精度及关节运动的速度。卡尔斯鲁厄灵巧手Ⅱ手指内安装了气动驱动器。

3.传感系统

机械手的传感系统可将反馈信息从硬件传给控制软件，如通过判断手与被抓物体间的距离来决定何时抓取。卡尔斯鲁厄灵巧手Ⅱ每根手指都有一个6维力矩传感器（感知握力），如图8-6所示，手掌上有3个激光测距传感器（感知手与物体之间的距离）。图8-7为装在一个工业机器人上的KDH Ⅱ。

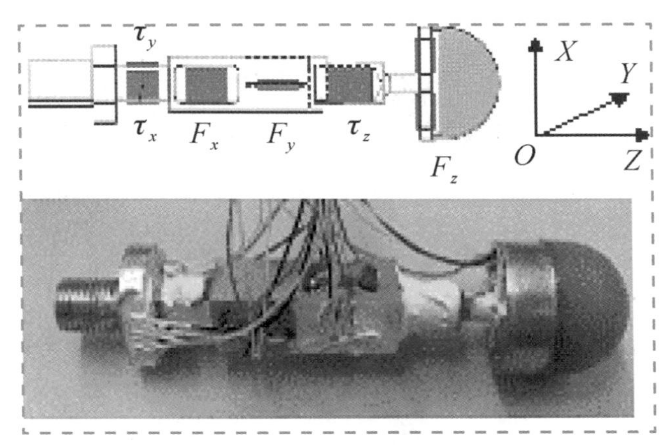

图8-6　KDH Ⅱ指尖上的6维力矩传感器

图 8–7　装在一个工业机器人上的 KDH Ⅱ

4. 控制系统

机器人手的控制系统决定哪些潜在的灵巧技能能够被实际利用，这些技能都是由机械系统所提供的。控制系统可分为控制计算机（硬件）和控制算法（软件）。图 8–8 所示为控制 KDH Ⅱ 的并行计算机。

图 8–8　控制 KDH Ⅱ 的并行计算机

设定好物体的搬运计划，就可以通过手指路径规划得到每根手指的运动轨迹，并传递给系统的驱动机构。如果一个物体被抓取了，那么其手指的运动轨迹就传给了物体的状态控制器，通过这个控制器来控制物体的姿态。物体的姿态由手指和物体状态传感器获得。如果某根手指没有跟被抓物体接触，则它的移动路径将会直接传递给手控制器。这个手控制器将相关的预期手指位置传递给所有的手指控制器，以协调所有手指的运动，最终完成抓取任务。

思考与练习

1. 试用SuperJoint组件中（或其他组件）的夹持机构搬运一个物体。

2. 讨论一下机器人的机械手和人类的手有什么异同点。

第九课　机器人的四肢（二）机械臂

机械臂通常由腕部（手腕）、臂部（手臂）和手部（末端执行机构）构成，相当于人类的上肢。

一、机器人手腕

机器人手腕是连接手部和手臂的部件，它的作用是调节或改变工作的方位，因此，它具有独立的自由度，以使机器人手部适应复杂的动作要求。为了使手部能处于空间任意方向，要求腕部能实现对空间3个坐标轴X、Y、Z的转动，即具有翻转（roll）、俯仰（pitch）和偏转（yaw）3个自由度。图9-1所示为英雄一号机器人的手腕运动，它的手腕只有一个自由度，只可以做上下的俯仰运动。运动的驱动装置是一个电动机，封装在腕部圆形壳体中。

图 9-1　英雄一号机器人的腕部

单自由度手腕关节如图9-2所示。

图9-2(a)是一种翻转R关节，手臂纵轴线和手腕关节轴线构成共轴形式。这种关节旋转角度大，可达360°以上。

图9-2(b)和图9-2(c)是一种折曲(bend)B关节，关节轴线与前后两个连接件的轴线相垂直，它的旋转角度小，大大地限制了方向角。

图9-2(d)是移动关节，只能在一个方向上移动，不能转动。

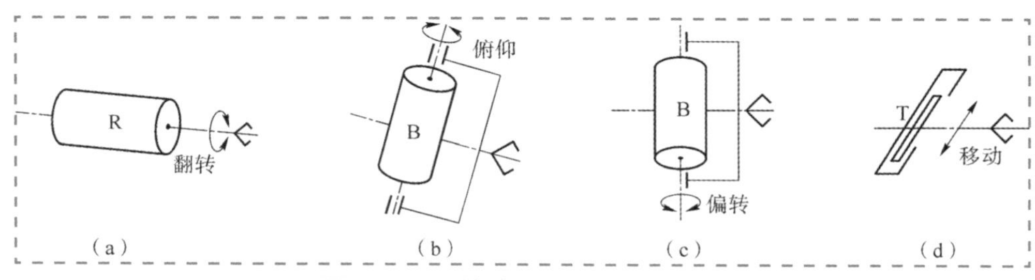

图 9-2 单自由度手腕关节

二自由度手腕关节如图9-3所示。

图9-3(a)是由一个R关节和一个B关节组成的BR二自由度手腕。

图9-3(b)是由两个B关节组成的BB二自由度手腕。

图9-3(c)是由两个R关节组成的RR手腕。

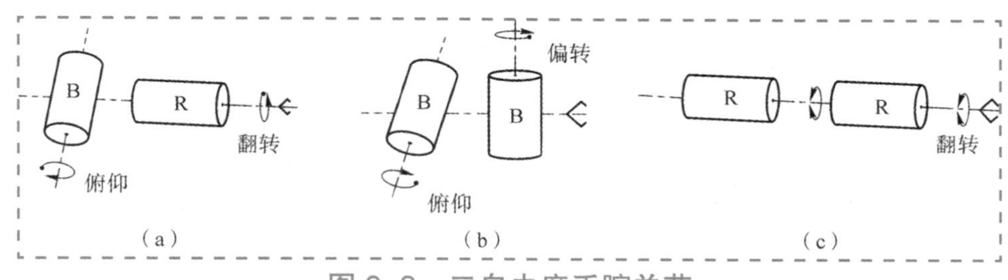

图 9-3 二自由度手腕关节

三自由度手腕关节如图9-4所示，可以由B关节和R关节组成许多种形式。

图9-4（a）是BBR三自由度手腕。

图9-4（b）是BRR三自由度手腕。

图9-4（c）是RRR三自由度手腕。

图9-4（d）是BBB三自由度手腕。

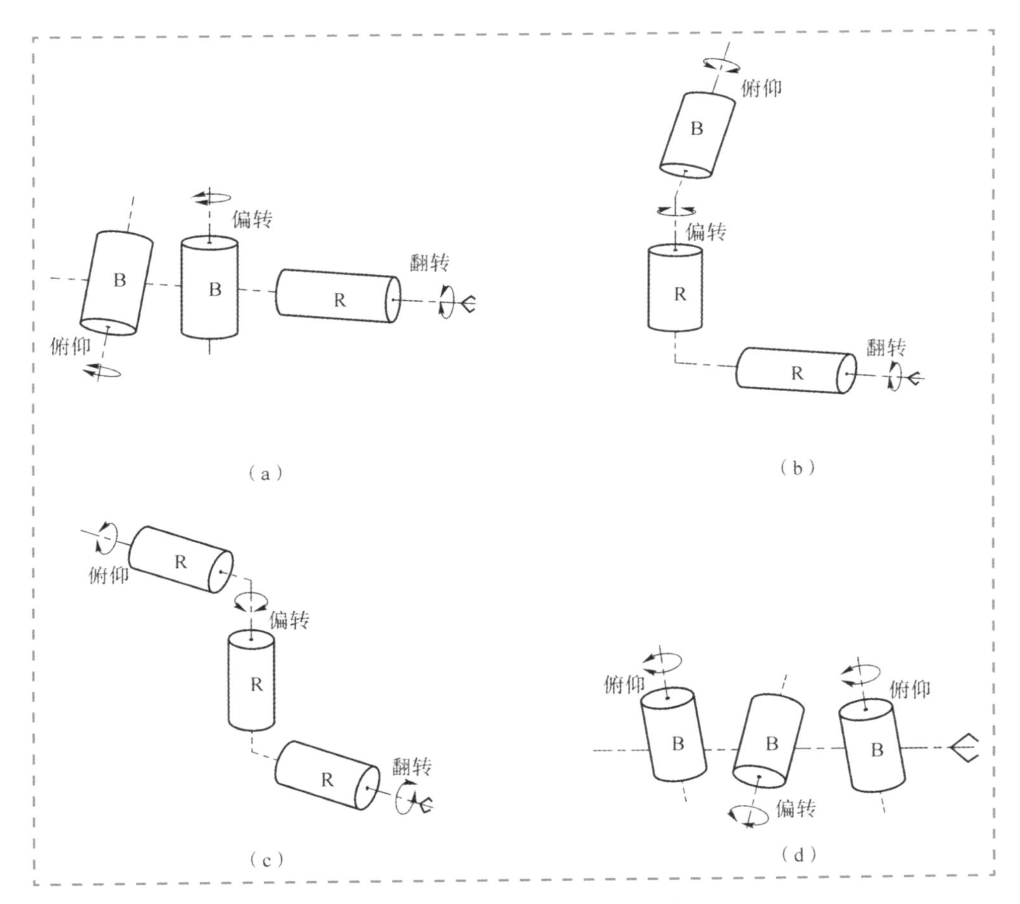

图 9-4　三自由度手腕关节

图9-5所示为三自由度手腕BBR的结构。

机器人手腕的结构，首先要满足启动和传送过程中所需的输出力矩；其次还要结构简单，紧凑轻巧，避免干涉，传动灵活（多数情况下要求将腕部的驱动部分安装在小臂上）；最后是柔顺性要求，主要针对用机器人进行精密装配作业时，由于被装配零件的不一致性，工件的定位夹具、机器人手爪的定位精度无法满足装配要求的情况下。有主动柔顺装配和被动柔顺装配两种方式：主动柔顺装配是一种从检测、控制角度，采取各种不同的搜索方法，边校正边装配的方法；被动柔顺装配是一种从结构的角度在腕部配置柔顺环节，以满足柔顺装配需要的方法。

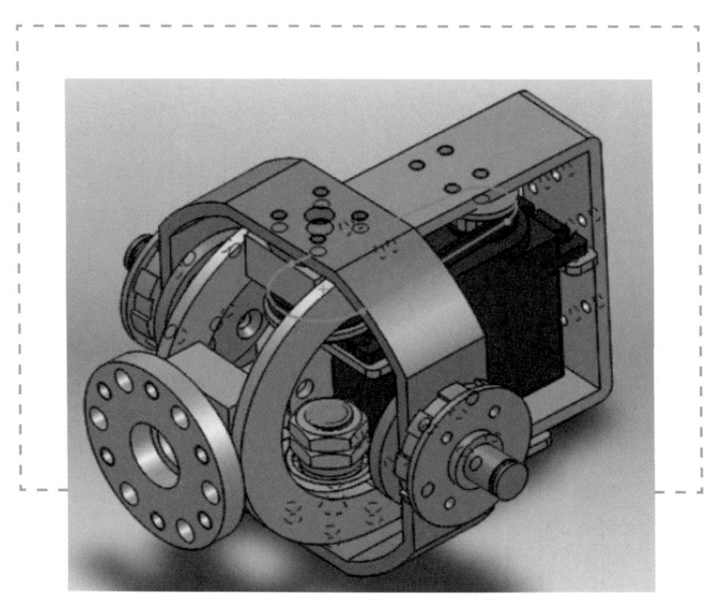

图 9–5　三自由度手腕 BBR 的结构示意图

二、机器人手臂

机器人手臂是机器人执行机构中重要的部件，它的作用是将被抓取的物体运送到给定的位置上。一般机器人的手臂有3个自由度，即手臂的伸缩、左右回转和升降运动。机器人手臂的各种运动通常由驱动机构和各种传动机构来实现，因此，它不仅要承受被抓取物体的重量，还要承受末端执行器、手腕和手臂自身的重量。

机器人手臂按照数量有单臂、双臂和多臂之分；按照工作状态有立式和悬挂两种。图9-6所示为具有6个关节的立式单臂机器人手臂；图9-7所示为类人的双臂式机器人手臂；图9-8所示为悬挂式单臂机器人手臂。

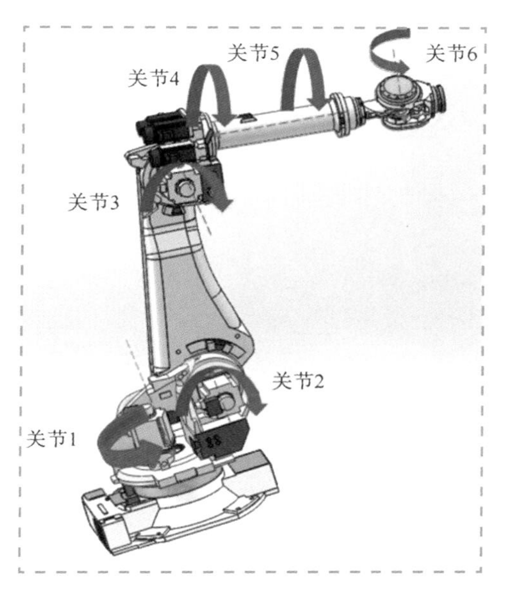

图9-6　具有6个关节的立式单臂机器人手臂

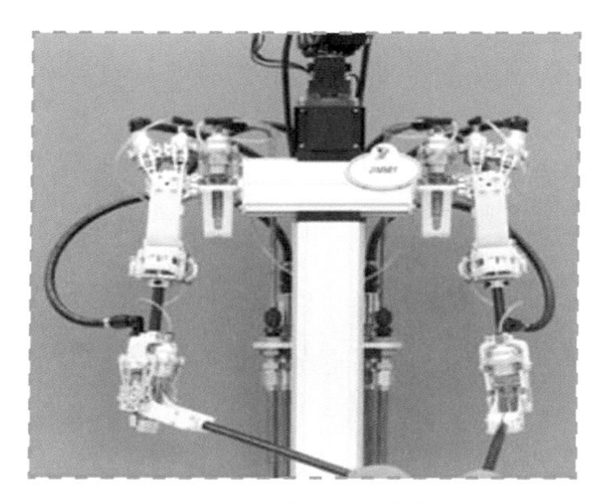

图9-7　双臂式机器人手臂

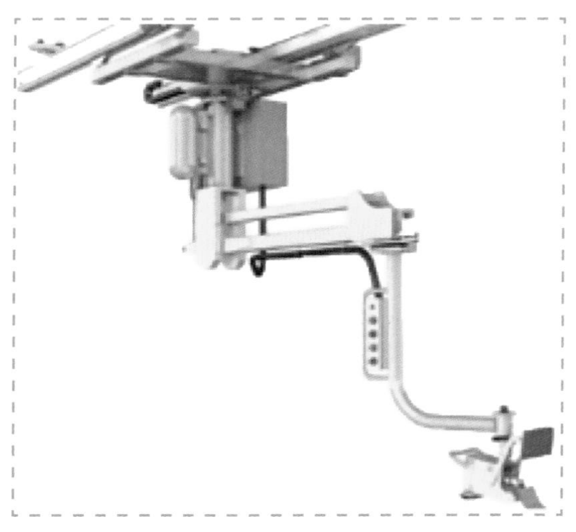

图9-8　悬挂式单臂机器人手臂

思考与练习

1. 机器人手臂的自由度是不是越多越好?

2. 用SuperJoint组件搭建一个单臂机械臂。

第十课　机器人的四肢（三）腿和脚

机器人有很多种移动方式。它们可以通过轮子或球体滚动、沿着轨道爬行、游泳、翻跟头，甚至飞行。令人惊奇的是，对机器人而言，最难的运动反而是我们人类觉得最容易的运动——行走。

移动式机器人的行走机构是重要的执行机构（相当于人类的腿和脚）。它由行走的驱动机构、传动机构、位置检测元件和传感器、电缆及管路等组成。一方面它要支撑机器人的机身、臂和手部；另一方面它还要根据任务要求，带动机器人在广阔的空间内运动。

一、陆地机器人的行走机构

在陆地上，移动式机器人的行走机构一般分为轮式行走机构、履带式行走机构和足式行走机构。前两者与地面连续接触，而后者与地面间断接触。

1. 轮式行走机构

轮式行走机构分为双轮行走机构、三轮行走机构、四轮行走机构以及多轮行走机构。在轮式行走机构中以四轮行走机构最为常见，如图10-1所示。四轮行走机构又分为两轮驱动和四轮驱动两种。轮式行走机构适合在平坦坚硬的路面行走，当路面凹凸程度和车轮直径相当或者地面很软

图 10-1　机器人四轮行走机构示意图

时，它的运动阻力会很大。

2. 履带式行走机构

履带式行走机构的最大特点是将圆环状的轨道带卷绕在多个车轮上，使车轮不直接与路面接触。利用履带可以缓冲路面状态，在各种路面条件下行走。它的优点是能登上较高的台阶，与路面保持力强，适合在荒地上行走，能够原地旋转，重心低，稳定。机器人履带式行走机构如图10-2所示。

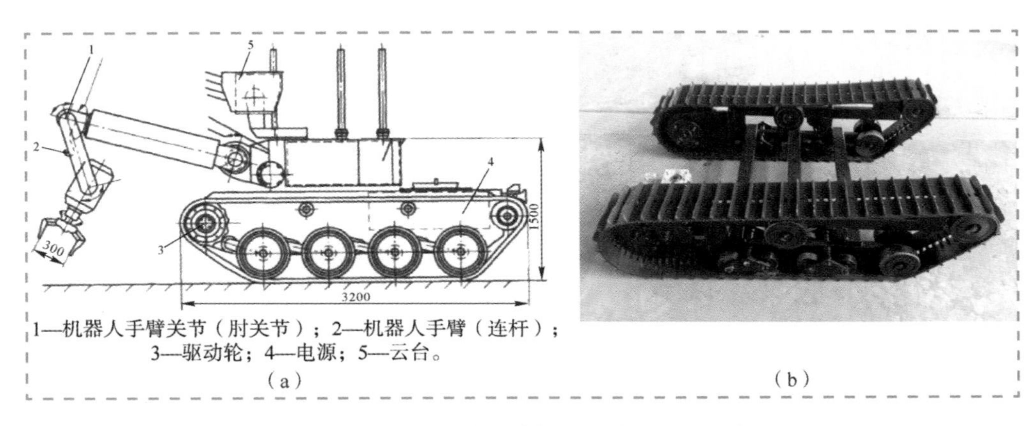

图 10-2　机器人履带式行走机构示意图

3. 足式行走机构

足式行走机构分为双足行走机构和多足行走机构。双足行走机构又称为“类人足式行走机构”，多足行走机构又称为“仿生类足式行走机构”。足式行走机构适应性很强，尤其是在有障碍物的通道（如管道、楼梯）上或很难接近的工作场地，要比轮式行走机构和履带式行走机构更有优势。多足行走机构比双足行走机构的稳定性好，容易控制。双足行走机构是一个空间连杆机构，如图10-3所示，它是一个多自由度控制系统。在行走过程中，行走机构要始终满足静力学的静平衡条件，也就是机器人的重心始终要落在与地面接触的一只脚上。

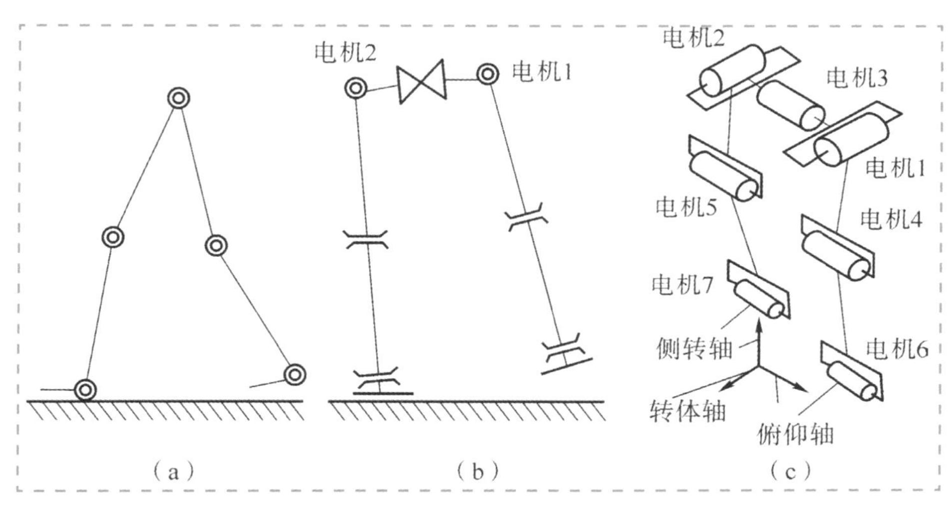

图 10-3　双足行走机构结构示意图

JenaWalker系列机器人是德国耶拿弗里德里希·席勒大学研制的双足机器人。通过动力学和运动学研究以及对各种关节、驱动电机和控制器参数的测试，使其步态接近人的行走习惯。同时，对双足机器人的研究也可以帮助残障人士设计出更好的人工髋关节、膝盖、脚，甚至整个腿部。图10-4所示为JenaWalker双足机器人。

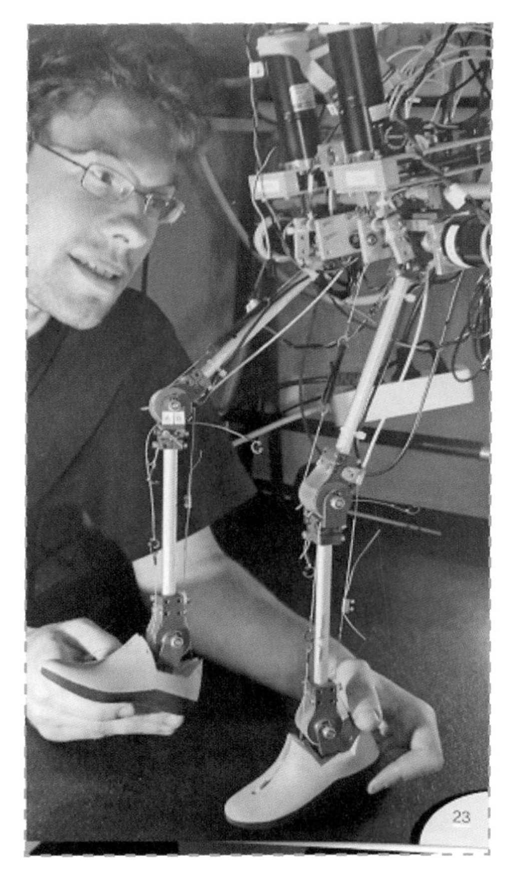

图 10-4　JenaWalker 双足机器人

二、空中机器人的运动机构

空中机器人要在空中飞翔，除了有为飞行提供动力的发动机（电动机和燃油发动机）外，还要有提供升力的机构（机翼和螺旋桨）、改变方向的舵面以及为它们传递动力的传动机构。

1. 固定翼式无人机的运动机构

机翼和方向舵面以及传动机构构成了固定翼式无人机的运动机构。图10-5所示为固定翼式无人机的机翼。

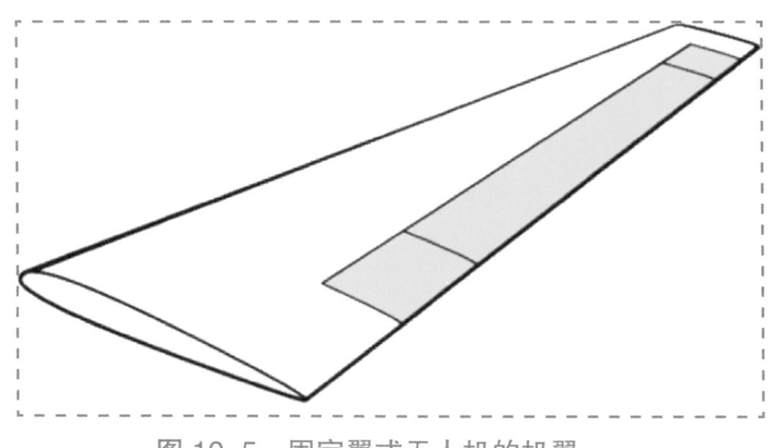

图 10-5　固定翼式无人机的机翼

机翼产生升力的原理是由于流速差的存在，使得飞机产生向上的升力，如图10-6所示。通过改变两侧机翼的升力，调节尾翼，飞机就可以实现转向，自由飞翔。

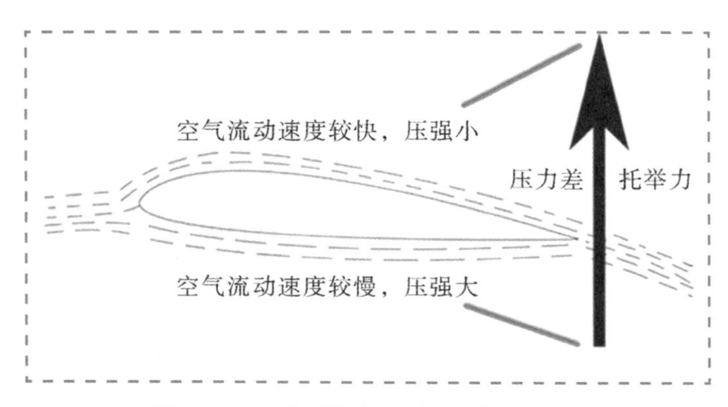

图 10-6　机翼产生升力的原理图

2. 多旋翼式无人机和直升机式无人机的运动机构

多旋翼式无人机和直升机式无人机的运动机构主要由螺旋桨以及电调（传动机构）等构成。它们的转向和速度主要是靠调节螺旋桨的速度完成的。以四旋翼式无人机为例，其飞行原理如图10-7所示。

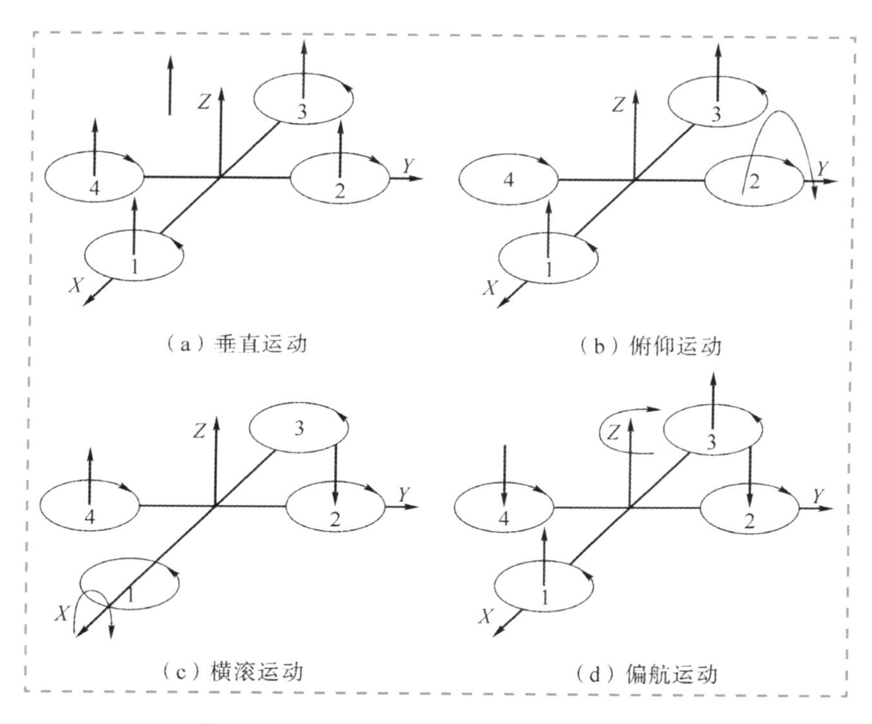

图10-7　四旋翼式无人机的飞行原理图

图10-7（a）中，两两相邻的电机转向相反且转速相同，可以平衡其对机身的反扭矩。当同时增加4个电机的输出功率时，螺旋桨转速增加使得总的升力增大，当总升力足以克服整机的重量时，四旋翼飞行器便离地垂直上升；反之，同时减小4个电机的输出功率，四旋翼飞行器则垂直下降，直至平衡落地，实现了沿Z轴的垂直运动。

图10-7（b）中，电机1的转速上升，电机3的转速下降，电机2、电机4的转速保持不变。为了不因为旋翼转速的改变引起四旋翼飞行器整体扭矩及总

升力的改变，旋翼1与旋翼3转速改变量的大小应相等。由于旋翼1的升力上升，旋翼3的升力下降，产生的不平衡力矩使机身绕Y轴旋转〔方向如图10-7(b)所示〕，同理，当电机1的转速下降，电机3的转速上升时，机身便绕Y轴向另一个方向旋转，实现飞行器的俯仰运动。

图10-7(c)中，改变电机2和电机4的转速，保持电机1和电机3的转速不变，便可以使机身绕X轴方向旋转，从而实现飞行器的横滚运动。

图10-7(d)中，当电机1和电机3的转速上升，电机2和电机4的转速下降时，旋翼1和旋翼3对机身的反扭矩大于旋翼2和旋翼4对机身的反扭矩，机身便在不平衡扭矩的作用下绕Z轴转动，从而实现飞行器的偏航运动。

三、水中机器人的运动机构

水中机器人的运动机构主要由推进器（螺旋桨或尾鳍）、方向舵以及传动机构等组成。仿生机器鱼和水下机器人分别如图10-8和图10-9所示。

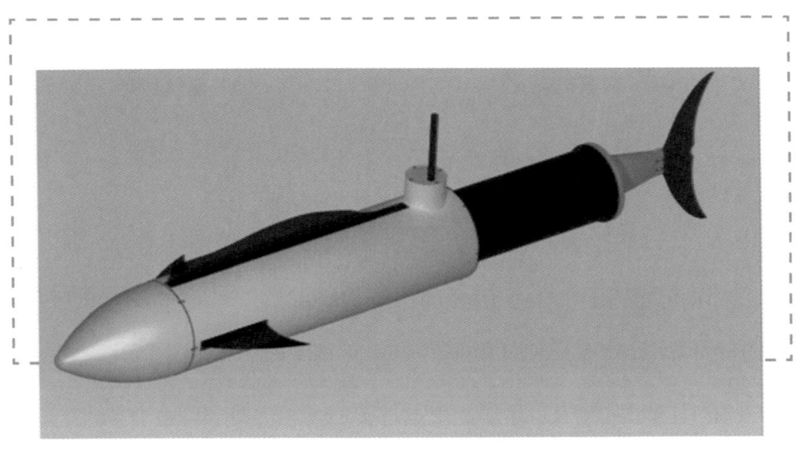

图10-8　仿生机器鱼（通过尾鳍摆动来驱动机器人）

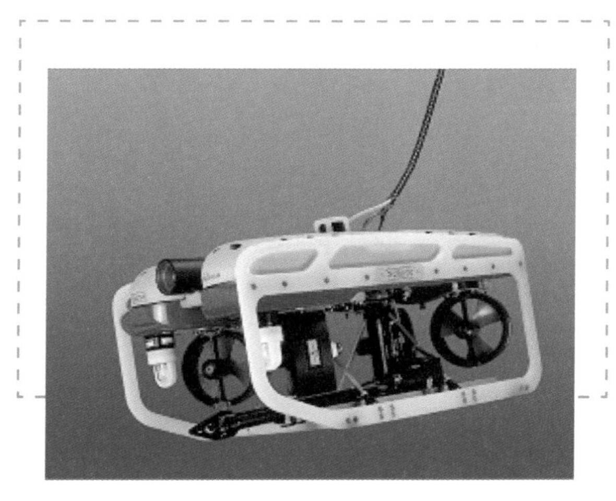

图 10-9　水下机器人（螺旋桨推进机器人运动）

四、空间机器人的运动机构

卫星和星际飞船是靠喷气发动机推进、调整姿态和变轨的。图10-10所示为卫星通过尾部的小火箭发动机实现变轨逃逸。

图 10-10　卫星通过尾部的小火箭发动机实现变轨逃逸

思考与练习

1. 轮式机器人的传动机构有哪些？用万向轮和普通轮子有什么区别？

2. 为什么说对双足机器人而言行走是最困难的运动？

附录

机器人图形化编程

所谓的“编程”就是编辑机器人运行时所需要的计算机程序（computer program)。计算机程序是运行于电子计算机上，满足人们某种需求的信息化工具。所谓机器人编程就是用各种计算机语言来编辑机器人能读懂的计算机程序，用来控制机器人按照编程者的意图进行各种操作。最常用的机器人编程语言是图形化编程语言。

图形化编程语言又称为G语言。用这种语言编程时,基本上不写程序代码,取而代之的是流程图或框图。它尽可能地利用了技术人员、科学家、工程师所熟悉的术语、图标和概念，因此，它是一个面向最终用户的工具。图形化编程可以提高编程者构建自己的科学和工程系统的能力，提供实现仪器编程和数据采集系统的便捷途径。使用图形化编程进行原理研究、设计、测试并实现系统时，可以大大提高工作效率。目前常用的机器人图形化编程语言主要有Scratch、Blockly、LabVIEW等。SuperJoint是一款新出品的国产机器人编程语言。

1. Scratch

Scratch是一款由麻省理工学院（MIT）设计开发的少儿编程工具。使用者可以不认识英文单词，也可以不会使用键盘。构成程序的命令和参数通过积木形状的模块来实现，用鼠标拖动模块到程序编辑栏就可以了。

图A-1左边的部分是编辑好的程序代码,中间是可以用来选择的功能模块,右边上部是程序预览和运行窗口，右边下部是角色窗口。Scratch的下载是完全免费的。Scratch开发组织除了保留对“Scratch”名称和“小猫”标志（logo）的权利外，公布源码，允许任意修改、发布和传播。已经有不同的改进版本在网上流通，目前最新的官方版本是2.0版。

2. Blockly

Blockly是一种在网页上运行的图形化编程语言，使用者以拖拽拼图的方式开发出应用程序，不需要任何的代码编写。Blockly语言目前处于技术探索阶段，所有的代码都是开源的。其软件界面如图A-2所示。

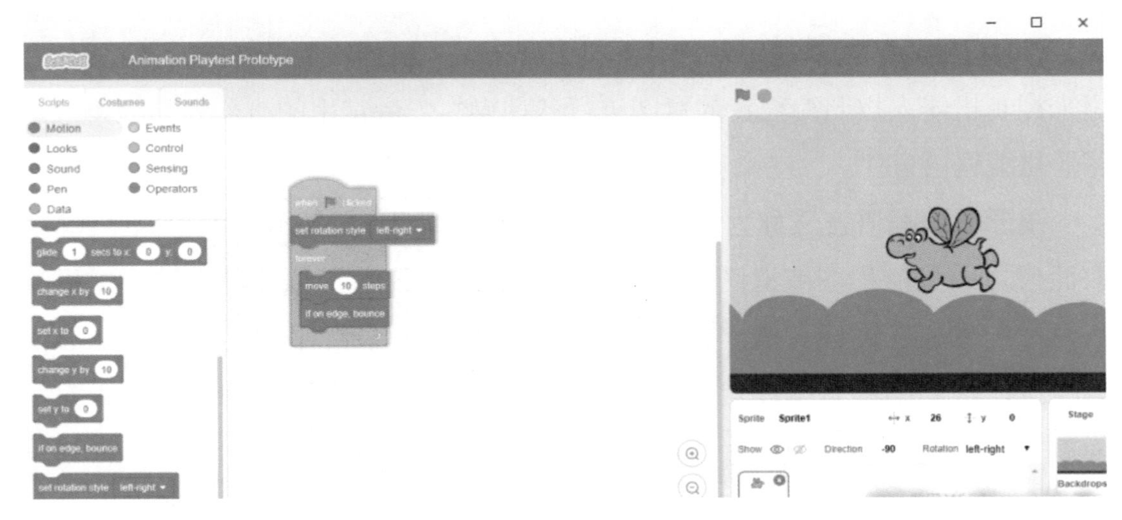

图 A-1　Scratch 软件界面

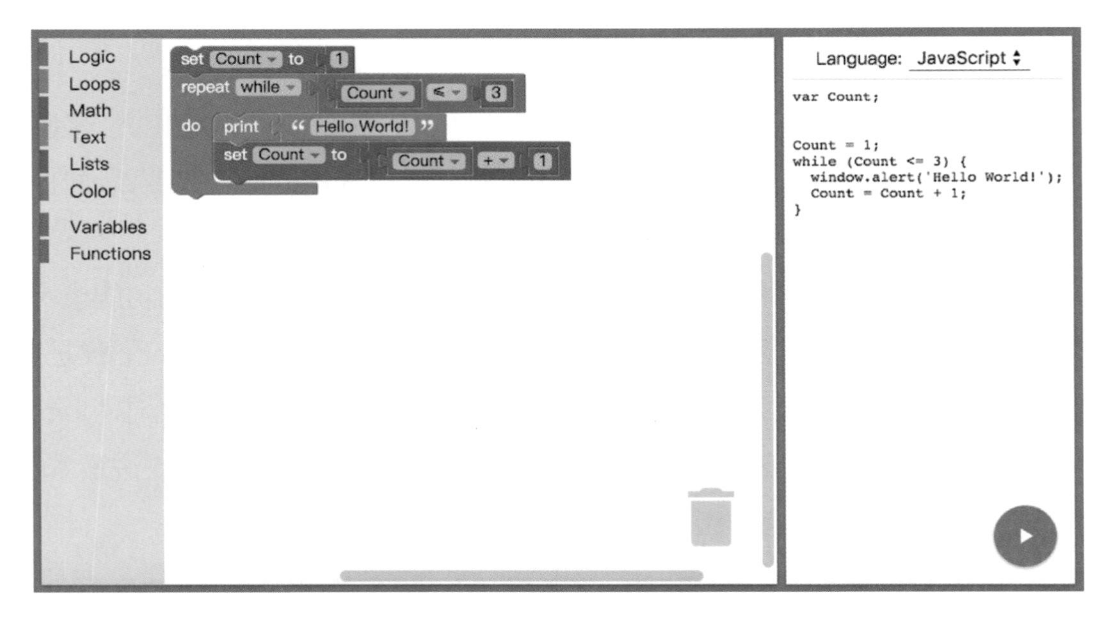

图 A-2　Blockly 软件界面

3. LabVIEW

LabVIEW是一种程序开发环境，由美国国家仪器（NI）有限公司研制开发，类似于C语言和BASIC语言开发环境。LabVIEW与其他计算机语言的显著区别是：其他计算机语言都采用基于文本的语言产生代码，而LabVIEW使用图形化编辑语言G编写程序，产生的程序是框图的形式。LabVIEW软件是NI设计平台的核心，也是开发测量或控制系统的理想选择。LabVIEW开发环境集成了工程师和科学家快速构建各种应用所需的所有工具，旨在帮助工程师和科学家解决问题、提高生产力和不断创新。其软件界面如图A-3所示。

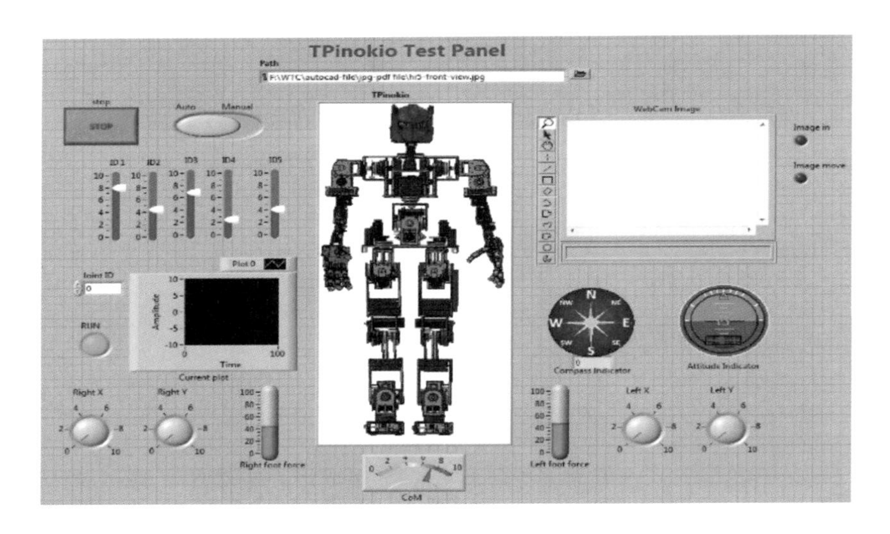

图 A-3　LabVIEW 软件界面

4. SuperJoint

SuperJoint是我国自主研发的一款图形化编程软件。与其配套使用的系列教育机器人是由清华大学刘莉教授所带领的科研团队开发的，教育机器人以机器人的“关节”（舵机）和机器人的“躯干”（杆件）为主要结构，强调机器人机构创新。SuperJoint可以针对不同机器人造型，进行步态规划，为机器人编排各种各样的动作。SuperJoint通过流程图式的编程淡化语法、强调逻辑，故简单易学。SuperJoint软件界面如图A-4所示。

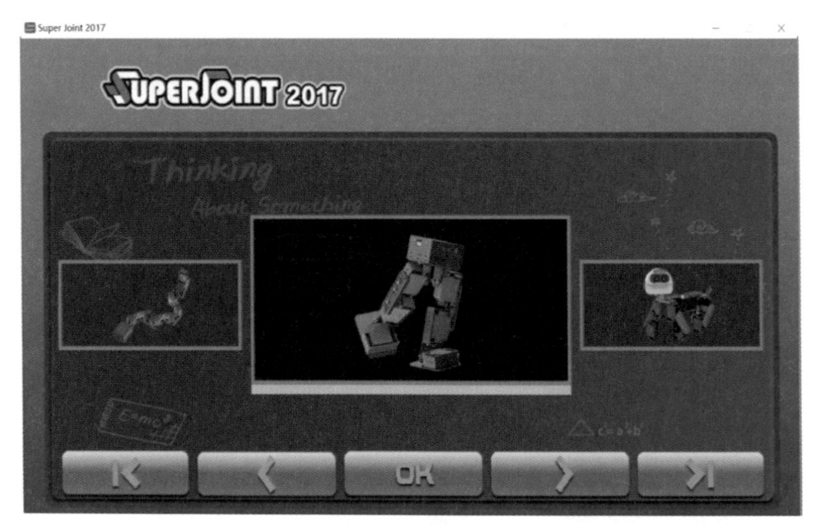

图 A-4　SuperJoint 软件界面

下面详细介绍SuperJoint编程语言的使用。

一、SuperJoint的安装

首先，安装SuperJoint的计算机需要满足以下条件：

图 A-5　SuperJoint 安装程序图标

① Windows 7及以上操作系统；

② 至少有一个可用的USB接口，用来连接机器人，实现调试和程序下载。

安装SuperJoint的步骤如下。

① 获取SuperJoint安装程序“SuperJoint_2017_Full_Setup_Win7.exe”，其图标如图A-5所示。

② 双击该安装包，进入安装程序启动界面，如图A-6所示。

Super Joint 2017
SUPERJOINT 2017
安装程序正在初始化，请稍候。
版权所有©2017 清研华翊（天津）教育科技有限公司
取消(C)

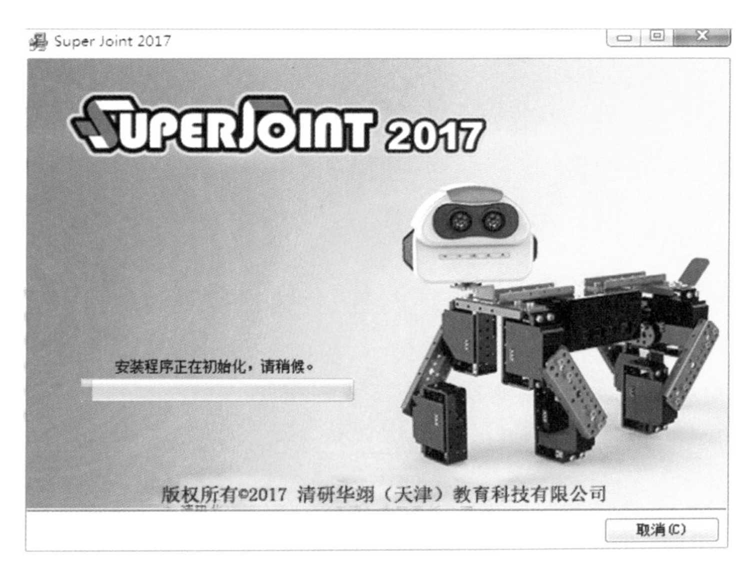

图 A-6　安装程序启动界面

界面中滚动条加载完毕后，自动跳转到选择程序要安装的路径界面，如图A-7所示。选择好后点击“下一步”，程序开始安装。待程序安装完成后，点击“完成”按钮，即可完成软件的安装。

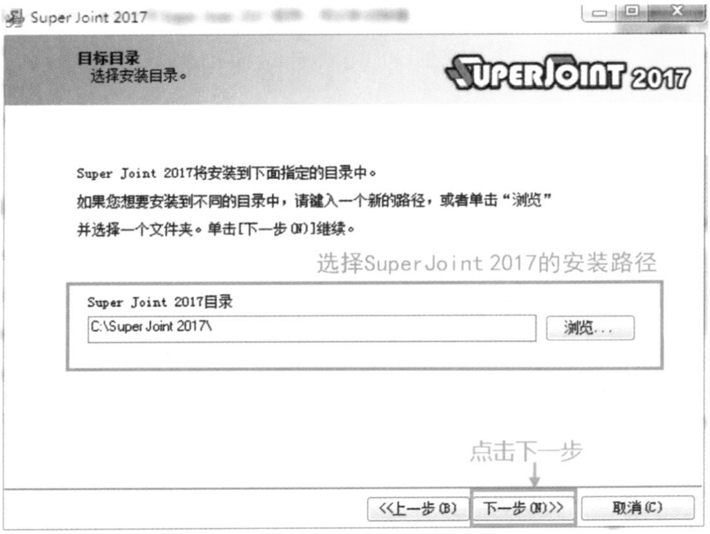

Super Joint 2017
目标目录
选择安装目录。
SUPERJOINT 2017
Super Joint 2017将安装到下面指定的目录中。
如果您想要安装到不同的目录中，请键入一个新的路径，或者单击“浏览”
并选择一个文件夹。单击[下一步(N)]继续。
选择SuperJoint 2017的安装路径
Super Joint 2017目录
C:\Super Joint 2017\
浏览...
点击下一步
<<上一步(B)
下一步(N)>>
取消(C)

图 A-7　选择程序安装地址

二、SuperJoint的使用

完成安装后，便可以使用SuperJoint软件了！可以通过如下两种方式打开软件。

◆桌面快捷方式

双击桌面上的SuperJoint快捷方式图标，如图A-8所示，便可打开软件。

图 A-8　SuperJoint 快捷方式图标

◆“开始”菜单

在“开始”菜单中，可以找到项目 SuperJoint 2017，点击即可打开软件。

1. 丰富多彩的造型示例

机器人套件提供多样的杆件零件以及多个舵机，使用者可以发挥自己的想象力，自由拼装出属于自己的机器人。软件中给出了15种造型示例，并展示在软件的首页上，如图A-9所示。

◆点击“转到第一个造型”按钮，展示界面可返回到第一个造型的特写。

◆点击“转到最后一个造型”按钮，展示界面可跳转到最后一个造型的特写。

◆点击“查看前一个造型”或“查看下一个造型”，可切换到查看造型特写。

◆点击“OK”按钮，或者直接点击当前选中的造型，可进入选中造型的详细介绍界面。

◆点击“SuperJoint 2017”图标，可以查看关于软件的信息。

图 A-9　SuperJoint 的首页——造型展示

2. 详细了解示例造型

按照上面所述的步骤，我们选择“四足直立机器人”造型，便可以进入该造型的功能界面，如图 A-10 所示。

在这里，可以看到该造型的官方姓名和它的特有技能，还可以看到组装这个造型需要哪些零件。不仅如此，更有造型的动作视频演示它是如何运动的。

◆点击“返回主页”按钮，可以返回主页，继续选择感兴趣的造型并查看。

◆点击“图片/视频切换查看按钮”，可以手动切换图片/视频。

◆点击“步态规划”按钮，可以切换到针对该造型的步态规划功能。

◆点击“编程”按钮，即进入编程界面，可为这个造型编写一套程序，让它按照命令动起来。

图 A-10 SuperJoint 造型详细信息查看界面

3．步态规划

在“软件功能界面切换按钮”区域，点击“步态规划”按钮，即可切换到该造型的“步态规划”功能界面，如图A-11所示。

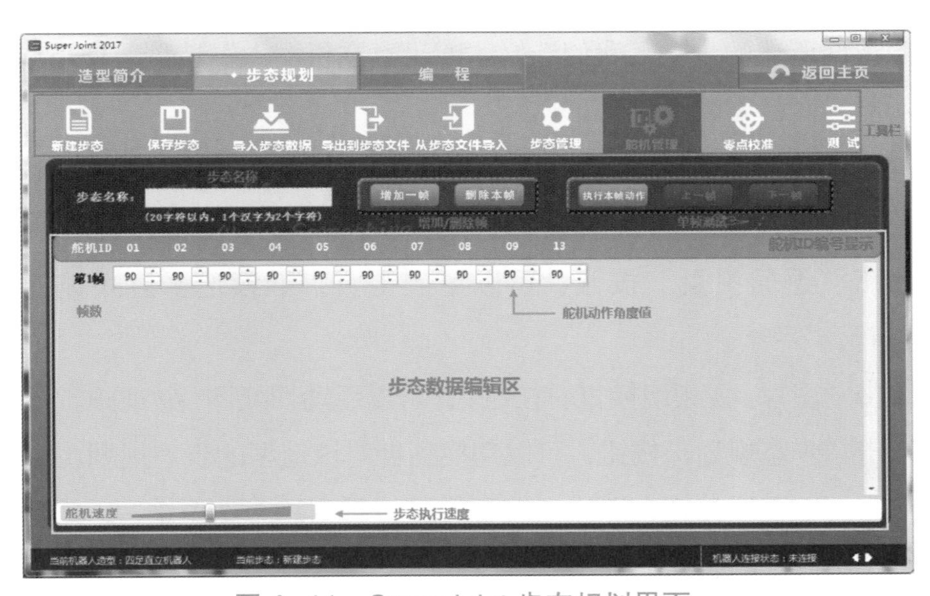

图 A-11 SuperJoint 步态规划界面

初次进入“步态规划”界面，界面中呈现的是一个当前造型新建的步态。该界面中的主要功能如下。

（1）工具栏

◆新建步态：新建一个当前造型的空白步态。

◆保存步态：将当前的步态数据保存到当前造型步态数据记录中。

◆导入步态数据：在图A-12所示的对话框中，选择要导入的步态数据。要注意在当前造型（示例造型）中，只能导入本造型的步态数据，若选择其他造型的步态数据，系统会提示是否切换造型，如果确认切换，就会切换到新的造型功能。

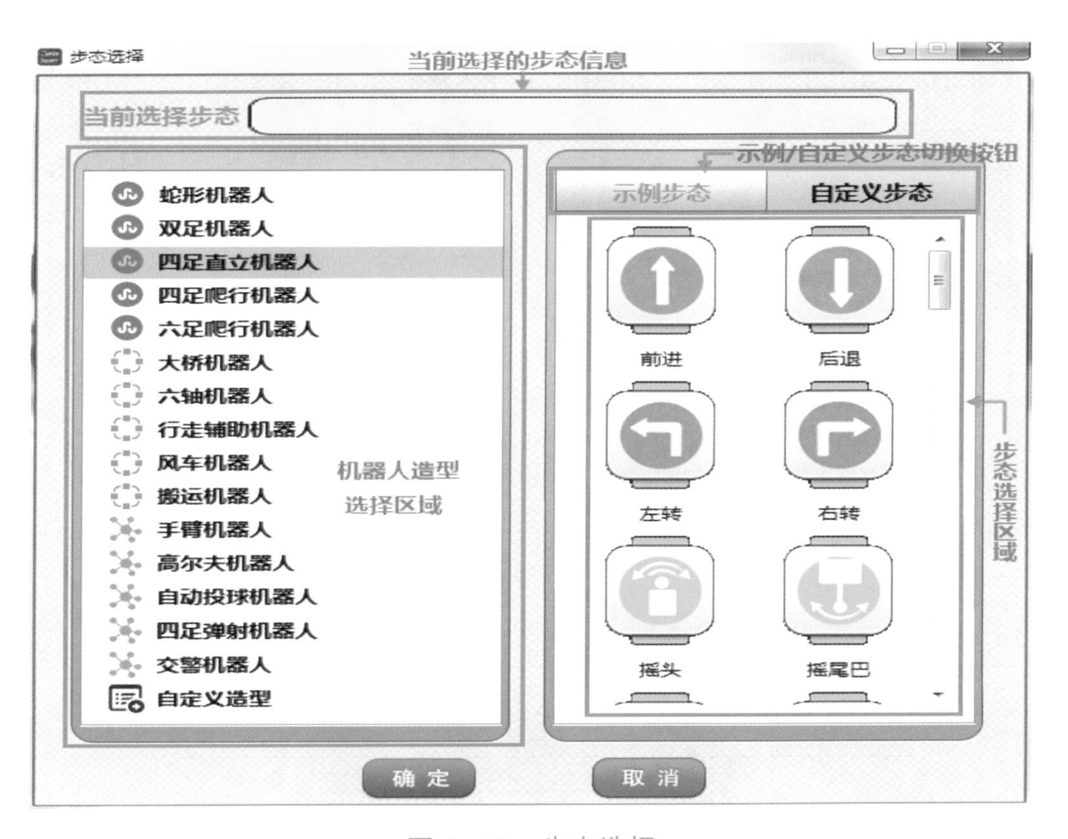

图 A-12　步态选择

◆导出到步态文件：将当前步态数据导出到后缀名为“.gait”的文件中，用户可以自己选择保存路径。

◆从步态文件导入：从后缀名为“.gait”的文件中导入步态数据。

◆步态管理：在图A-13所示的窗口中，可以批量删除某造型的自定义步态数据。

图 A-13　步态管理界面

◆舵机管理：舵机管理界面如图A-14所示，该功能仅对“自定义造型”可用，用于选择造型使用的舵机。

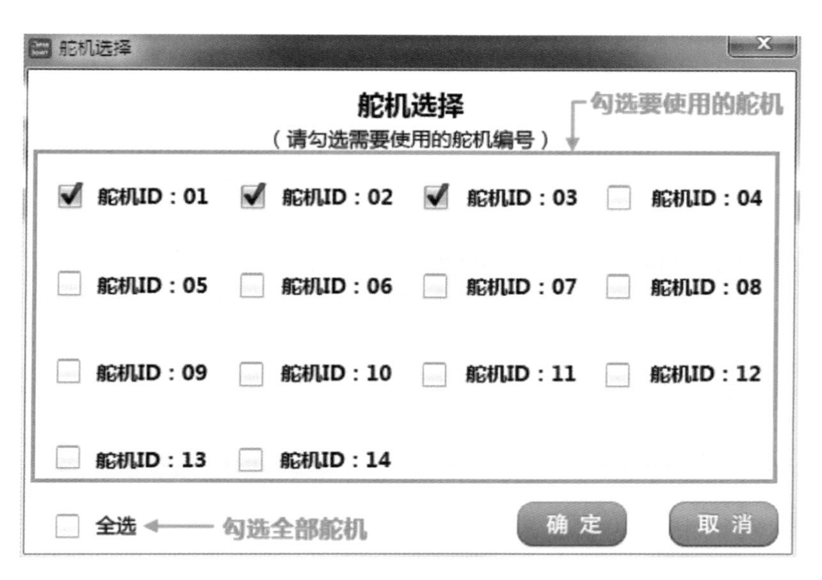

图 A-14　舵机管理界面

◆零位校准：零位校准界面如图A-15所示，零位校准是机器人运动控制的一个关键问题，也是一个必不可少的步骤。该操作将会在后面作详细介绍。

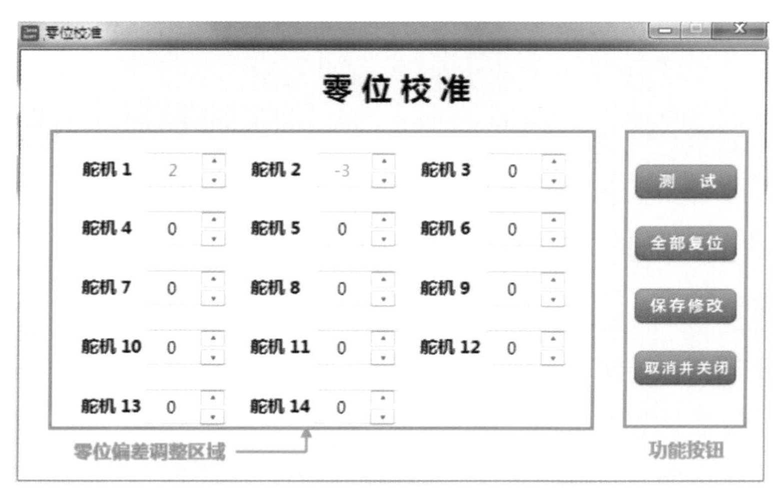

图 A-15　零位校准界面

◆测试：点击该按钮，若已经和机器人创建连接，则机器人开始按照数据表中的数据执行动作；若还未和机器人创建连接，则弹出对话框，提示用户首先进行机器人连接。

① 步态名称

显示当前新建/导入步态的名称，输入步态名称，新建的步态才能保存成功。

② 增加/删除帧

◆增加一帧：在步态数据表的最后一行插入一帧数据，数据初始化为90度。

◆删除本帧：删除当前选中的一帧数据。

③ 单帧测试

◆执行本帧动作：点击该按钮，若已经和机器人创建连接，则机器人开始按照数据表中当前选中帧的数据执行动作；若还未和机器人创建连接，则弹出对话框，提示用户首先进行机器人连接。

◆上一帧：当前选中帧跳转到上一帧，并执行此帧动作。

◆下一帧：当前选中帧跳转到下一帧，并执行此帧动作。

（2）步态数据编辑区

◆舵机ID编号：显示当前造型使用的舵机编号。自定义造型所使用的舵机，可以根据用户设置显示，示例造型的舵机编号是固定的，不可更改。

◆ 帧数：一行数据即为机器人的“一帧”动作。

◆舵机动作表：在该数据表中，可以使用键盘输入，或者点击“加减”按钮来更改每个舵机的角度值，由此来为机器人进行步态规划。

◆ 舵机速度：机器人运动有慢、中、快3挡速度。

4．编程简介

程序是机器人的灵魂。通过编程可以让机器人按照指定的方式执行动作。在“软件功能界面切换按钮”区域，点击“编程”按钮，即可切换到该造型的编程功能界面，如图A-16所示。该界面可以分为4个区域。

图 A-16　SuperJoint 编程界面区域划分

（1）工具栏

◆ 新建：新建一个空的程序。

◆ 打开：打开一个已保存的程序。

◆ 保存：将当前程序保存到计算机。

◆ 另存为：将当前程序另存为一个新的程序文件。

◆ 在线调试：当软件与机器人通过USB连接正常时，可以在线调试机器人，程序运行的同时，会高亮显示程序的运行状态。

◆ 下载：将写好的程序下载到机器人运行。

◆ 帮助：在实时帮助中，如果鼠标停留在某程序块上，会显示该程块的功能及所要配置参数的含义，如图A-17所示。点击其中的“?”

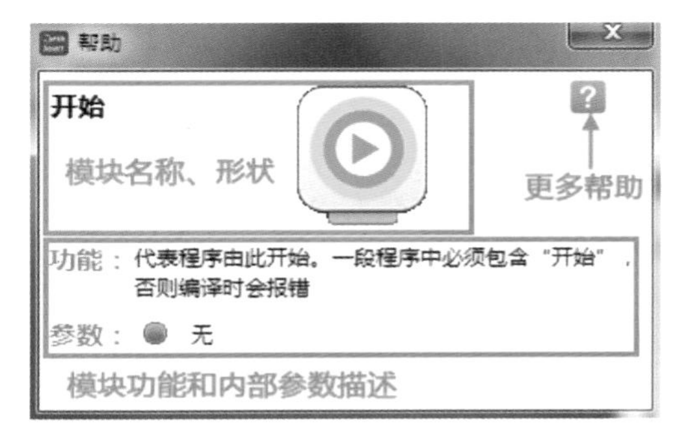

图 A-17　帮助浮动窗口

图标可以打开软件的详细帮助。关闭该窗口后，若想再次查看，点击工具区的“帮助”按钮就可以了。

（2）程序模块选择区

程序模块分为执行机构、传感器、逻辑三大部分，关于程序模块的详细信息会在后面的章节中一一说明。用鼠标左键按住程序模块并拖动到编程区后，释放鼠标左键，即可完成程序模块的添加。

（3）编程区

当把程序模块由程序模块选择区拖拽到编程区后，就代表已经添加了一段程序。当程序模块被放置到编程区，或者双击编程区中已有的程序模块时，会弹出该模块的参数配置窗口。可以在编程区内任意移动各程序模块的位置，也可以按照规划的动作，将各个程序模块一一连接起来。如果想删除某个程序模块或某条连线，只需要点击选中它，按下键盘上的“Delete”键即可。一个写好的程序如图A-18所示。

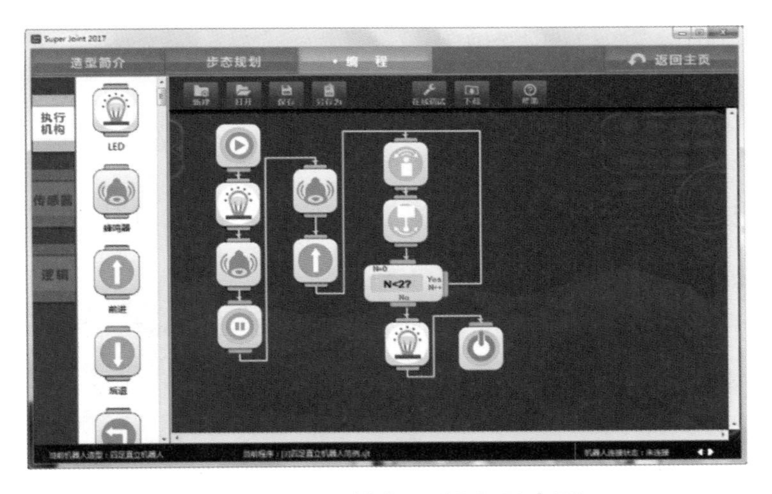

图 A-18　编程区程序示意图

（4）状态显示区

状态显示区会显示当前正在对其编程的造型名称与当前的程序名称。同时，状态显示区的右侧区域会实时显示机器人的连接情况。

5．程序模块详解

为示范的每种造型都编写程序模块，以实现不同的功能。程序模块主要有逻辑类程序模块和传感器类程序模块。

①逻辑类程序模块如图 A-19所示。

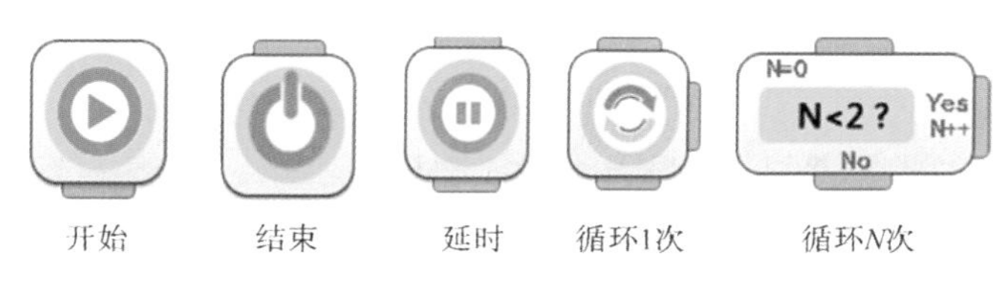

图 A-19　逻辑类程序模块

②传感器类程序模块如图 A-20 所示。

图 A-20　传感器类程序模块

6．软件操作

详细了解软件使用方法和各个程序模块的含义，动手试一试，让机器人动起来。假设我们已经按照机器人搭建说明书的步骤，正确组装出了一个“四足直立机器人”的示例造型。

（1）零位校准

由于加工、结构装配等环节难免存在误差，机器人各个关节的初始零位需要经过校正才能准确。因此在进行步态规划或者编程前，一定要先进行零位的校准，才能让机器人更准确地执行所规划的步态动作，这也是机器人控制中必不可少的一个环节。

首先进入机器人的步态规划功能界面，点击“零位校准”按钮，即可进入零位校准界面，如图A-21所示。

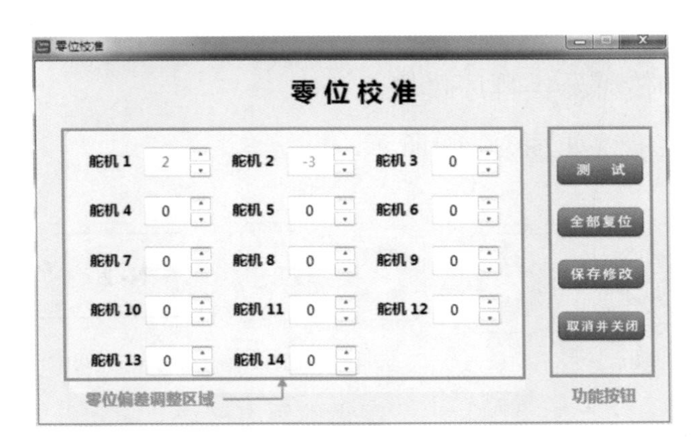

图A-21　零位校准界面

在零位偏差调整区域，可以输入各个舵机的零位偏差值，之后便可以进行如下操作。

◆测试：将软件与机器人连接，点击“测试”按钮，测试经过校准后，机器人各关节零位是否正确。

◆全部复位：将所有舵机的零位补偿值均设置为0。

◆保存修改：保存该造型的零位校准设置。

◆取消并关闭：退出零位校准界面，不保存所做的修改。

需要注意的是，机器人每次拼装完成后，在步态规划前，必须要首先执行零位校准操作，否则机器人无法按照规划的步态正常运动。

（2）步态规划

执行完零位校准操作后，便可以开始对机器进行步态规划了，这里我们点击“新建步态”按钮，新建一个空白的步态，如图A-22所示。

图A-22　“新建步态”按钮

新建的步态名称是空白的，数据部分也只有初始的一帧数据，如图A-23所示。

图 A-23　初始状态的步态数据编辑区

（3）编写程序

经过了零位校准，并为机器人设计好步态后，就可以开始编程了。将功能界面切换到“编程”，可以看到“程序模块选择区”内（如图A-24所示）已经有了各种程序块；“编程区”内，已经默认添加了“开始模块”和“结束模块”。

图 A-24　进入编程功能界面

拖动想要的动作，放置到编程区。例如，我们拖动“前进”程序模块到编程区，释放鼠标后会弹出“参数设置”窗口，在这个窗口中，可以设置机器人向前走几步，以什么样的速度运动。如图A-25所示，让机器人以“中”挡的速度向前走一步。

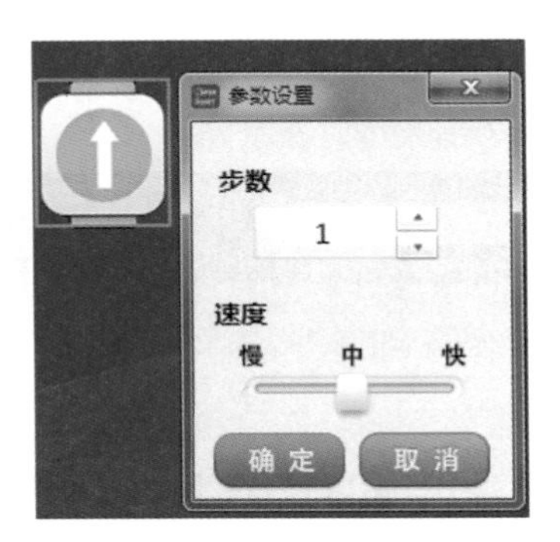

图 A-25　前进程序模块参数设置串口示例

接下来为机器人设置各种动作，并用线将它们连起来。点击左侧的程序模块分类按钮可以切换选择程序模块。需要注意的是，程序中必须要以“开始”作为开始，以“结束”作为结束，所有拖放到编程区的模块都要连好线，否则程序编译时会提示程序中存在错误。一个写好的程序如图 A-26 所示。

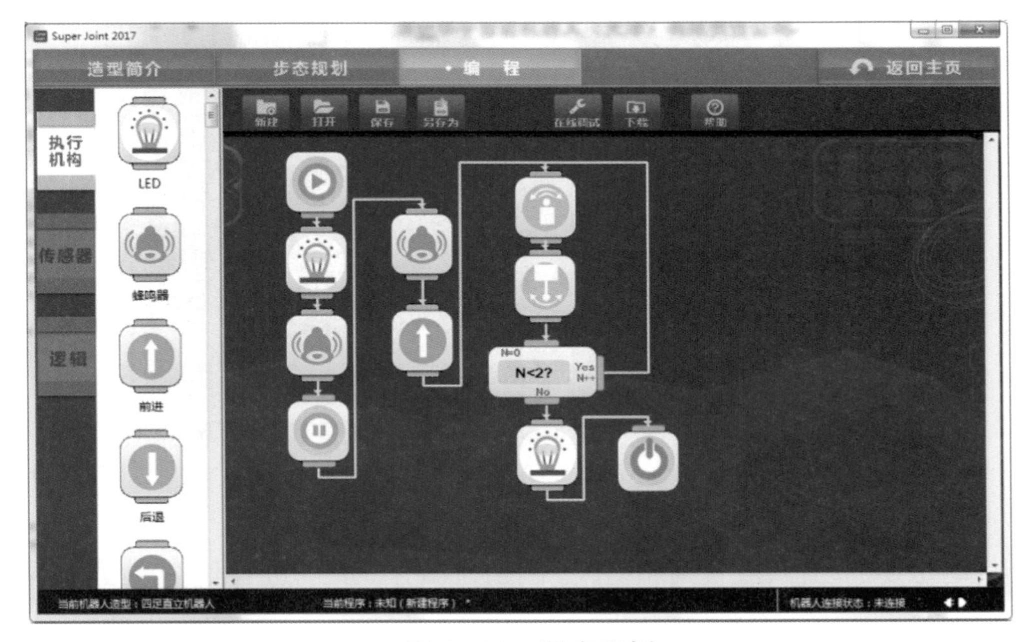

图 A-26　程序示例

图A-26中程序的意思是：通电后，点亮机器人的LED灯，蜂鸣器鸣响；2秒后，蜂鸣器停止发声，机器人开始以中挡速度向前行走两步，摇一下头，再摆两下尾巴；之后，从摇头动作开始，到摆尾巴动作结束，动作重复执行2次；最后，LED灯灭，程序结束。

程序写好后，将机器人连接到计算机上，就可以在线调试或者将程序下载到机器人上离线运行了。

（4）在线调试

首先尝试在线调试。若计算机与机器人处于正常连接状态，则此时可以直接开始在线调试机器人了。当程序执行到某一步时，会突出显示该程序模块，如图A-27所示。

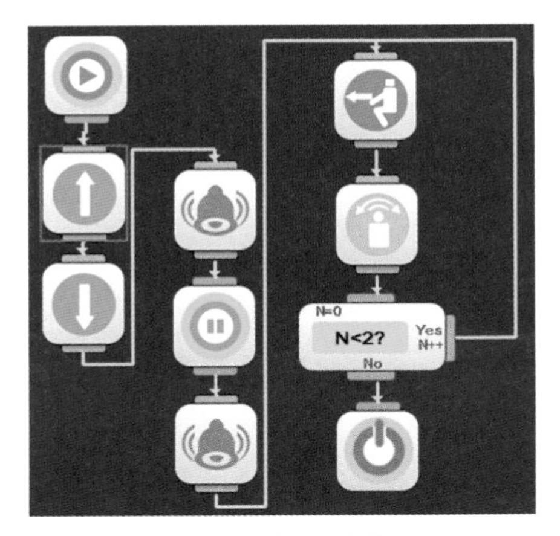

图A-27　在线调试状态显示

（5）程序下载

在线调试完毕，确定程序已经没有问题后，可以点击上方工具区的“下载”按钮将程序下载到机器人控制器中离线执行。同在线调试一样，如果计算机与机器人还没有建立连接，会弹出对话框，提示首先要创建机器人与计算机之间的通信连接。

建立通信连接后，便开始向机器人中下载程序，此时会弹出显示下载进度的对话框。程序下载结束后，对话框会提示下载成功，如图 A-28 所示。这时，将计算机与机器人之间的连接线断开，打开机器人电源，按下遥控器的“开始”键后，机器人就可以按照程序来运行了。

图 A-28　下载成功提示

参考文献

[1] 李云江.机器人概论[M].2版.北京:机械工业出版社,2017.

[2] 贾扎尔.应用机器人学:运动学、动力学与控制技术[M].周高峰,等译.北京:机械工业出版社,2018.

[3] 熊永伦.机器人技术基础[M].武汉:华中理工大学出版社,1996.

[4] 郭洪红.工业机器人技术[M].西安:西安电子科技大学出版社,2006.

[5] 王德厚.机械基础[M].北京:机械工业出版社,1993.

[6] 韩继彤,王德庆.机器人创新与实践[M].武汉:武汉大学出版社,2015.

[7] 蔡自兴.机器人学[M].北京:清华大学出版社,2000.

[8] 李梅,南景富.机械基础[M].哈尔滨:哈尔滨工业大学出版社,2004.

[9] 帕克.机器人世界:医学和科学中的机器人[M].杨飞虎,王竞男,译.北京:机械工业出版社,2017.

[10] 陈万米.神奇的机器人[M].北京:化学工业出版社,2014.

后 记

机器人技术是人工智能实施的最好载体，人工智能教育要从青少年抓起，这已成为科技界和教育界的共识。目前，适合中小学的人工智能教育资源极度匮乏。从已经面世的种类有限的教材来看，它们存在着知识介绍不全面、不系统等问题。

中小学机器人教材作为一种面向青少年乃至全社会的科普读物，仅仅依靠中小学教育工作者的力量是不够的，需要人工智能领域的科技工作者和人工智能产业的企业家们积极加盟，密切协作，共同努力。本书作者作为在机器人领域从业近二十年的科技工作者，深感自己有责任和义务为人工智能和机器人知识的普及尽一份绵薄之力，这正是作者尝试编写本书的初衷。

考虑目前中小学机器人课程尚未形成标准体系，并且各学校开设机器人课程的基本条件差别较大，权将本书定位为中学版教材，以便于各学校根据师资条件和课程计划因地制宜，既可以从初中阶段开始学习，也可以从高中阶段开始学习。

作为高校教师，作者对中学教材的特点以及中学生的认知水平并不熟悉，为写作此书，作者参考了多种版本的中学生物、历史、地理、信息技术等课程的教材，受到很多启发。尽管如此，作者对编写这样一套缺少参考和借鉴的中学版智能机器人教材仍然心存忐忑。为此，在本书的编写过程中，作者每完成一章初稿，都会去了解中学生或者小学高年级学生的阅读体验，征求他们的意见，再进行反复修改。在此要特别感谢黑龙江教师发展学院语言文字应用研究中心高级研究员高鸽女士以及哈尔滨市第六中学的物理教师牛俊娟，她们对本书的编写提出了宝贵的修改意见，并给予了许多支持和帮助。

本书所选的部分图片来源于网络转载和参考文献，其中能够找到出处的均在书中予以标注，部分图片无法找到原始出处，在此一并向原作者致以诚挚的谢意！

作者

于2019年7月